KB149031

하루 30분

혼자 읽기의 힘

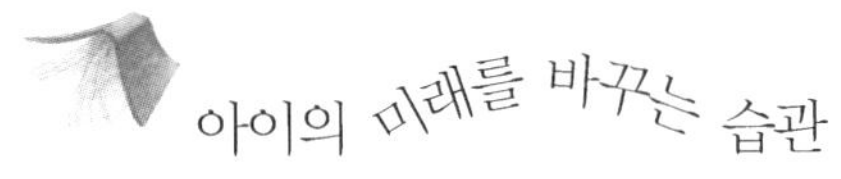

아이의 미래를 바꾸는 습관

하루 30분 혼자 읽기의 힘

낸시 앳웰 지음 | 최지현 옮김

북라인

지난 20년 동안 메인 주 시골 학교의 아이들은
매년 40권의 책을 신나게 읽어치우고 있다.
학생 80명과 7명의 교사가 전부인 작은 학교의 아이들이지만,
언어 영역에서만큼은 미국 최고의 교양과 실력을 갖추고 있다.
불가능한 일이라고?
그렇다면 여기 낸시 앳웰의 이야기에 귀 기울여라.
당신의 생각과 행동, 그리고 당신 아이의 미래가 바뀌게 될 것이다.

짐 트렐리즈, 《하루 15분 책읽어주기의 힘》의 저자

| 글머리에 |

잃어버린 독서의 즐거움을 찾아서

극작가 노라 에프론은 이런 이야기를 했다.

"심해황홀증이라는 것이 있다. 이는 다이버가 깊은 수심에서 너무 많은 시간을 보내어 어느 방향이 위쪽인지 구분하지 못하는 착란 상태를 뜻한다. 다이버는 수면 위로 떠오르는 순간 몸이 대기의 산소량에 적응하지 못하는 '벤드 현상(수심 중독)'을 경험할 수 있는데, 바로 이것이 내가 책을 읽다가 현실로 돌아올 때 느끼는 현상과 똑같다."

낸시 앳웰의 책을 읽으면서 나 역시 이러한 심해황홀증을 경험했다. 그녀 특유의 진솔한 글은 어린 독서가들로 가득찬 방이 얼마나 아름다울 수 있는지 새삼 깨우쳐 준다.

그녀는 무엇보다 우리에게 독서 교육에서 가장 중요한 것이 무엇인지를 다시금 일깨워 준다. 특히 언어 영역의 교사들에게 그녀의 신념은 도깨비불처럼 번지고 있는 쓸데없는 유행과 독서 공식을 내던지고 자유를 선언하는 용기를 주었다.

앳웰의 전문적이고 실용적인 지식과 건전한 가르침은 우리 아이들에게 심해황홀증을 경험하게 해줄 것이며, 마침내 자신만의 리딩존으로 들어가 능숙하고 열정적이며 습관적이고 비판적인 독서인으로 자라게 해줄 것이다.

이 대담하고 용감한 책의 출간과 더불어 앳웰은 우리의 등을 떠밀고 있다. 아이들에게 잃어버린 독서의 즐거움을 되찾아주어야 한다고 우리를 다그치는 것이다.

이 책을 통해 많은 부모와 교사들이 독서의 목적을 재고하고 그 방법을 고민하여, 아이를 책의 세상으로 자연스럽게 이끌어 주기를, 아이에게 평생의 독서를 가르쳐 주기를 희망한다.

셸리 하웨인

차 례

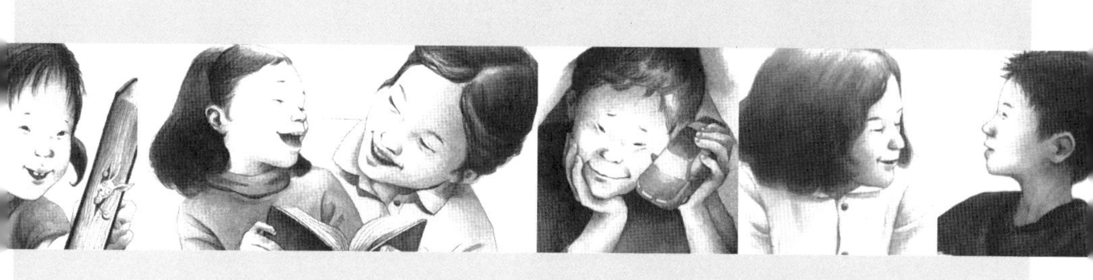

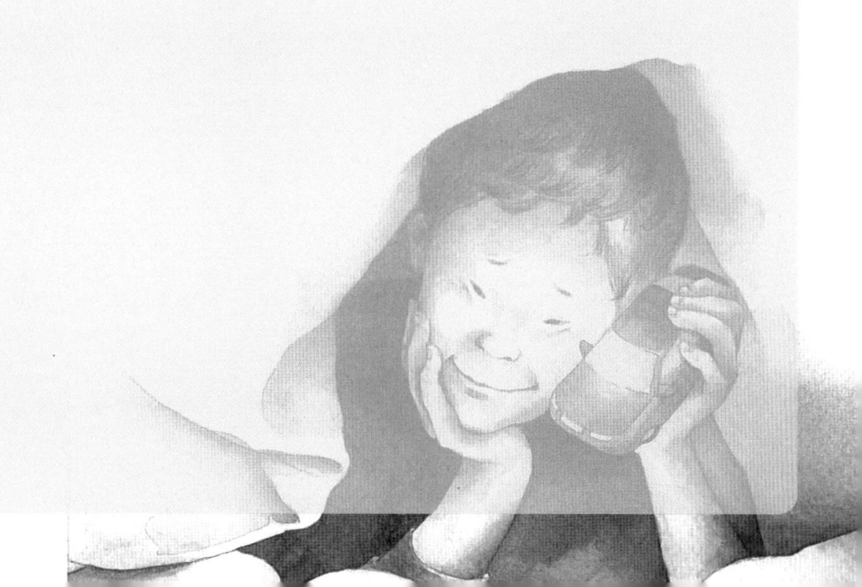

어떻게 하면 아이에게 자신만의 **독서 기술**을 가르칠 수 있을까

The Personal Art

11월의 아침이다. 창밖의 하늘은 벌써 메인 주 특유의 누르스름한 빛깔로 바뀌었다. 교실 안 형광등 불빛 아래 7, 8학년 아이들 우리나라의 중 2, 3학년에 해당한다_역주 이 커다란 오자미의자 커다란 헝겊 보따리에 팥 · 콩 등을 채워 만든 의자_역주 에 드러누워 있다. 모두 요즘 10대들의 유니폼이라 할 수 있는 무릎이 찢어진 청바지와 로고가 그려진 티셔츠, 모자가 달린 티 등을 입고 있다.

아이들이 사라졌다

나는 막 아이들 사이를 누비며 한명 한명과 낮은 목소리로 대화를 나눈 참이다. "그 책 어떠니?" 혹은 "지금까지의 느낌은 어떠니?" 혹은 "줄거리가 어떻게 됐니? 특히 "몇 페이지 읽고 있니?"라는 질문은 항상 묻는 말이다. 이제 나는 다시 내 흔들의자로 돌아왔다. 책장을 넘기는 소리 외에 교실은 조용하기만 하다.

아이들의 평소 모습을 본 사람이라면 그 소란한 아이들이 어떻게 이렇게 조용할 수 있는지 이해하기 힘들 것이다. 쉬는 시간이 되면 아이들은 농구를 하거나, 아이팟을 바꿔 듣거나, 서로 놀리며 소리를 지르느라 정신이 없다. 하지만 이곳 독서 수업 시간에는 조용하기만 하다. 왜냐하면 아이들이 사라졌기 때문이다. 모든 소년 소녀가 보이지 않는 세계로 사라졌기 때문이다. 자신만의 리딩존reading zone : 독서에 몰입한 상태. 독서삼매경의 뜻__역주에 푹 빠져 버린 것이다.

열아홉 명의 아이가 열아홉 권의 책을 읽고 있다. 8학년생인 네이트는 지금 탈튼 트럼보의 반전 소설 《총을 든 자니Johnny Got His Gun》를 읽고 있다. 이 책은 지난 독서 시간에 내가 커트 보니거트의 《슬로터하우스 파이브Slaughterhouse-Five》, 월터 딘 마이어스의 《추락 천사Fallen Angels》, 팀 오브라이언의 《그들이 가지고 다닌 것들Things They Carried》과 함께 격찬했던 책이다. 네이트의 친구인 링컨은 어제 오브라이언의 책을 다 읽고 10점 만점에 9점을 주었다. 지금은 엄마가 추천한 《허클베리 핀Huckleberry Finn》을 읽고 있는 중이다.

샬롯과 애나는 둘 다 자전 소설에 빠져 있다. 샬롯은 《처음 만나는 자유Girl, Interrupted》를, 애나는 《유리성Glass Castle》을 읽고 있다. 개를 좋아하는 클로에는 《말리와 나Marley and Me》에 푹 빠져 있다. 이 책은 지난 주 애나가 북토크 시간에 발표했던 책이다. 포비는 플래르 비알의 《나는 에스더가 아니다I Am Not Esther》의 결론 부분을 읽느라 거의 숨도 못 쉬고 있다.

8학년인 하일리는 지금 읽고 있는 《소녀를 위한 사냥과 낚시 가이드 Girls' Guid to Hunting and Fishing》가 아주 마음에 든다고 한다. 하일리는 작년에는 내내 판타지 소설만 읽더니 이제 다른 여러 분야로 눈을 돌린 모양이다.

7학년인 헨리는 지주 코더의 《라이언보이 Lionboy》 1편을 읽느라 정신이 없다. 이 책은 지난해 하일리가 꼭 구매해달라고 졸랐던 3부작 판타지 소설이다. 또 다른 7학년생 알렉스는 헨리 옆에서 이 판타지 소설의 3편을 읽고 있다.

와트는 스티븐 킹의 소설을 읽다가 잠시 로버트 맥캐먼의 《아무도 어른이 되지 않는다 Boy's Life》로 바꿔 읽고 있다. 이 책은 내가 10점 만점의 최고의 책으로 적극 추천한 책이기도 하다. 와트 옆에서 너새니얼은 몸을 들썩이며 웃고 있다. 읽고 있는 책 《데이브 베리 여기서 잤다 Dave Barry Slept Here》가 그리도 재미있는 모양이다.

그레이스는 최근 새로 영화화된 〈오만과 편견〉을 감동 깊게 본 후 제인 오스틴을 새삼 발견하고 있는 중이다. 나는 그레이스에게 나 역시 그런 식으로 오스틴을 알게 되었다고 말해 주었다. 다만 나는 새 영화가 아니라 그리어 가슨과 로렌스 올리비에가 출연한 옛날 〈오만과 편견〉 덕분이었다.

까만 매니큐어를 칠한 로즈의 손가락이 아멜리아 앳워터 로즈의 뱀파이어 소설을 꽉 붙잡고 있다. 그 옆에서 테스가 피트 오트

먼의 《인비저블 Invisible》을 읽고 있다. 나와 눈이 마주친 순간 피트는 "오, 세상에!"라고 중얼거린다. 아마도 마지막 장에 가까워지고 있는 모양이다. 나도 "오, 세상에!"라고 화답해 주었다.

운동을 좋아하는 8학년생 캠 B는 지금 존 코이의 새 소설을 읽고 있다. 지난봄에 캠 B는 메이저리그의 스테로이드 중독 문제에 대해 글을 쓴 적이 있다. 그래서 보더스 Borders : 미국 제2의 대형 유통 서점으로 현재 아마존과 제휴하여 온라인 서점을 운영하고 있다_역주를 검색하다가 스테로이드 복용을 강요당하는 고등학교 체육 선수들의 이야기를 담은 《크랙백 Crackback》을 발견했을 때 캠 B가 가장 먼저 떠올랐다. 나는 캠 B에게 친구들을 위해 이 책을 검토해달라고 부탁했다. 그 아이는 지금까지 50페이지 정도를 읽었는데 벌써 적어도 9점을 줄 수 있는 책이라고 말한다.

그 아이의 단짝친구인 캠 L은 테리 트루먼의 눈을 뗄 수 없는 소설 《중립에서 Stuck in Neutral》를 무서운 속도로 읽고 있다. 지난주 두 권의 소설을 연이어 중간에 포기했던 소피는 내가 오늘 《아발론 하이 Avalon High》에 대해 언급하자 지금은 그 책을 읽고 있다. 다행히 지금까지는 읽을 만하다고 한다.

한 아이를 독서가로 키우는 비결은 날마다 읽기와 많이 읽기이다 나는 읽던 책에서 눈을 떼고 시간이 다 되었음을 확인한 후 아이들에게 말한다. "자, 이제 그만 책 읽는 것을 멈추세요. 책갈피 끼우고 밖으로 나가 신선한 공기를 마시세요."

한명 한명 아이들은 책에서 고개를 들고 천천히 현실로 돌아온다. 하품을 하고 기지개를 켜기도 한다. 책과 현실의 경계를 넘기 위해서는 때로는 육체적 힘이 필요하기도 하다. 자, 이제 드디어 아이들은 본래의 모습으로 돌아온다. 이들은 서로 책에 대해 이러쿵저러쿵 투덜대면서 가방 안에 소지품을 잔뜩 집어넣는다. 그러고는 오자미의자를 제자리에 정돈할 생각도 잊은 채 다음 수업이 있는 교실을 향해 쿵쾅거리며 뛰어간다.

오늘 밤 아이들은 적어도 30분간 책을 읽을 것이다. 매일 밤 30분의 독서는 우리 학교CTL : The Center for Teaching and Learning의 기본 숙제이기 때문이다. 또 아이들은 내일도 학교에서 책을 읽을 것이다. 그 다음 날도 읽을 것이다. 6월경이면 모든 소년 소녀가 적어도 30권의 책을 읽게 될 것이다. 몇몇은 100권 이상의 책을 읽는 기록도 낼 것이다.

20년 동안 독서 지도를 해온 내 경험으로 볼 때 7, 8학년 아이들의 평균 독서량은 적어도 40권이다. 우리 학교에서는 저학년 아이들의 독서량도 이처럼 상당하다. 1~6학년 담당 교사들이 날마다 독서 시간을 만들어 좋은 책을 읽게 하고 있기 때문이다. 덕분에 아이들의 읽기 능력에 대한 표준고사standardized test : 부시행정부의 낙제학생방지정책(No Child Left Behind)에 의해 매년 치러지는, 3~8학년을 대상으로 한 읽기와 수

리 영역의 능력 평가 시험_역주 결과는 늘 상위권이다. 물론 그 비결은 날마다 읽기와 많이 읽기이다. 조용한 방에 아이들을 앉혀 놓고 좋은 책을 읽히는 것은 그다지 그럴싸하지도, 그리 잘 팔리지도 않는 교육법이다. 하지만 이것이야말로 한 아이를 독서가로 키우는 유일한 방법이다.

아이를 독서가로 키우는 것. 이것이야말로 교육의 목적이 아닐까. 모든 아이가 능숙하고 열정적이며 습관적이고 비판적인 독서가가 되는 것이다. 소설가 로버트슨 데이비스가 말하듯, 자신만의 독서 기술을 터득하도록 도와주는 것이다. 그 과정에서 우리는 아이들이 더 똑똑하고 더 행복하고 무엇보다도 더 따뜻한 사람이 되기를 바란다. 그들이 읽은 수백 권의 책을 통해 세상을 경험할 것이기 때문이다.

아이가 책을 사랑하게 하는 방법은 자신이 읽을 책을 스스로 고르게 하는 것이다

아이들에게는 날마다 학교에서, 그리고 집에서 책을 읽을 시간을 주어야 한다. 일단 좋아하는 책을 발견하게 되면 아이들은 시키지 않아도 자진해서 더 많은 시간을 책을 읽으며 보낼 것이다.

아이가 책을 사랑하게 하는 가장 확실한 방법은, 자신이 읽을 책을 스스로 고르게 하는 것이다. 그래서 우리는 우선 아이들이 직접 책을 고를 수 있도록 돕는다. 그렇게 하면 아이들 스스로 자

자유롭고 즐거운 독서 체험이 있는 곳, CTL

CTL The Center for Teaching and Learning 은 1990년 메인 주 엣지콤 시에 세워진 초중등 과정을 가르치는 학교로, 비영리학교이자 시범학교이며, 주정부로부터 어떤 보조금도 받지 않는 독립학교이다. 전체 80명의 학생에 7명의 교사로 이루어진 작은 규모의 학교이지만, 다른 어떤 학교에서도 볼 수 없는 다양한 시도와 실험으로 교육계의 주목을 받고 있다. '가르침과 배움의 센터' 라는 학교의 이름처럼, 이곳의 교사들은 끊임없는 연구와 배움으로 학생들을 가르치고 있다.

사립학교이자 독립학교인 만큼 정부의 간섭에서 벗어나 다양한 실험이 가능하며, 교과 과정이나 수업 설계 등도 모두 교사들이 직접 하고 있다. CTL의 가장 큰 특징은 전 과목 수업이 모두 워크숍 형태로 진행된다는 것이다. 즉 교사의 개입을 최소한으로 줄이고 아이들이 각자 연구나 독립 프로젝트를 진행하는 형식의 수업이다. 교사들은 간단한 개념 설명을 해준 후 작업 목표를 정해 주고 아이들 사이를 누비면서 질문을 받으며 진행 상황을 점검한다.

특히 워크숍 형태로 진행되는 이곳의 독서 수업은 이 학교 아이들을 언어 영역 부문에서 미국 최고 수준의 교양과 실력을 갖추게 만든 핵심이다. 문학 · 역사 · 에세이 · 과학 등에 걸친 자유롭고도 즐거운 독서 체험은 아이들을 왕성한 독서가로 만들 뿐만 아니라 창조적이고 주체적인 학습인으로 키워내고 있다.

현재 CTL의 등록금은 한 해 6,450달러로 사립학교로서는 매우 저렴하며, 저소득 가정이 많은 메인 주의 특성상 절반 이상의 학생이 장학금 혜택을 받고 있다. 하지만 등록금은 전체 학교 재정의 60퍼센트만을 충당할 뿐이며, 나머지는 학교발전기금을 통해 충당하고 있다. CTL은 이 학교의 설립 이념과 교육 방식에 동의하는 전국의 수많은 교사와 교육 관계자들로부터 기부금을 받고 있다. 이 책의 저자인 낸시 앳웰이 쓴 모든 저서의 수익 역시 학교발전기금으로 쓰이고 있다.

또 시범학교인 만큼 새로운 교육 방식을 배우려는 전국의 교사들에게 인턴 과정을 열고 이 수익 역시 학교를 위해 재투자하고 있다. 현재까지 미국 내에서뿐만 아니라 캐나다 · 에콰도르 · 영국 · 인도에서까지 이곳의 학교 문화를 배우기 위해 인턴 교사를 파견하고 있다.

신의 독서 취향을 발견하고 발전시키며, 점차 독서인으로서의 정체성을 찾아갈 것이기 때문이다.

우리가 궁극적으로 바라는 것은, 모든 아이가 자신의 독서 취향에 대해 정확히 아는 것이다. "내가 가장 좋아하는 작가는 누구이고, 가장 좋아하는 장르는 무엇이며, 올해 가장 감명 깊게 읽은 책과 그 등장인물은 바로 이것입니다"라고 분명하게 이야기하는 것이다. 독서 취향이야말로 자신만의 독서 기술을 만드는 튼튼한 기초이기 때문이다.

책의 자유로운 선택권은 어린 독서가가 누려야 할 당연한 권리이다. 이것은 선생님이 허락하는 특권이 아니다. 스스로 책을 훑어보고 고르고 판단하는 행위 자체가 아이들에게 독서에 대한 흥미를 자극한다. 스스로 책을 선택하는 아이들은 어른들이 감히 상상도 할 수 없을 만큼 많은 책을 읽으며, 감히 읽으라고 권유할 수 없을 정도의 어려운 책을 소화해 낸다.

다양하고 광범위한 책읽기 역시 매우 중요하다. 그래서 우리는 비싼 전집이나 선집을 구입하기보다 낱권 구입을 선호한다. 따분하고 지루한 교과서만 읽어서는 어떤 아이도 능숙하고 열정적이며 습관적이고 비판적인 독서가가 될 수 없다.

또 어린 독서가를 키워내고자 하는 어른이라면 아이들에게 읽히고 싶은 책을 자신도 직접 읽어야 한다. 그래야 좋은 책을 추천할 수 있고, 어려운 시기에 도움을 줄 수 있으며, 책에 대해 서로

즐겁게 이야기를 나눌 수 있다.

읽기 능력을 향상시키는 방법은 독서뿐이다

마지막으로 우리가 깨달은 중요한 사실은, 읽기 능력을 향상시키는 유일한 방법은 독서뿐이라는 것이다. 읽기에서 의미를 느끼는 순간 이해는 저절로 일어난다. 이해란 글자를 음으로 바꾼 후 그 의미를 알아내기 위해 부수적으로 배워야 하는 기술이 아니다. 각자의 수준에 맞는 재미있는 책을 읽을 때 내용에 대한 이해는 자동적으로 일어난다. 아이들은 그냥 이해한다.

인간은 이해하도록 설계되어 있다. 독서이론가인 프랭크 스미스는 "아이들은 뭐든 말이 되는 상황에서는 이해할 줄 안다"고 말한다(1997년). 사실 독서 수업은 우리가 책과 독서에 대해 가르치려는 모든 것을 가장 '이해할 수 있는 상황'으로 실현한 것이다. 즉 조용한 방, 책 읽는 아이들, 그리고 문학과 독서에 대해 해박한 지식을 갖추고 아이들을 독서인이자 한 사람의 인간으로서 속속들이 알고 있는 선생님, 이 세 가지야말로 아이들에게 독서의 중요성을 이해시키는 가장 이해되는 상황인 것이다.

CTL에서 일어나는 모든 일은 결코 꿈이 아니다. CTL은 비영리 시범학교로 교사라면 누구나 방문하여 교육에 대해 한수 배워갈 수 있는 곳이다. 이곳의 학생들은 온갖 종류의 가정환경과 경제적 배경 속에 살고 있다. 학업 수준 역시 천차만별이다. 등록금은 학교발전기금을 상시 모금하여 최저 수준으로 유지하고 있다. 현재 1년 등록금은 6,450달러이며, 절반 이상의 학생이 장학금 혜택을 받고 있다.

우리가 학생 구성에서 다양화와 다문화를 지향하는 이유는, 시범학교인 만큼 모든 종류의 학생의 사례를 보여 주기 위해서다. 미국의 어느 지역 어느 학교의 교사라도 이곳에 와서 자신의 학생들과 똑같은 경우를 만날 수 있기를 바란다.

이런 노력은 지금까지 매우 성공적이었다. CTL의 학생들은 미국 어디서나 볼 수 있는 평범한 보통 아이들이기 때문이다. 여기에는 집중력결핍장애ADHD나 우울증, 언어 장애, 공간 지각 장애, 독서 장애 등의 학습 장애를 앓는 아이들이 있다. 서재가 있는 집에서 자란 아이들도 있지만, 몇 권의 책이 전부인 집에서 자란 아이들도 있다.

메인 주는 가난한 농촌 지역이다. 1인당 국민소득이 미국의 최하 3분의 1에 해당한다. 노동 인구의 66퍼센트만이 생활이 가능한 수준의 봉급을 받는다. 부모들은 농부, 목수, 건설인부, 상점 점원, 군인, 어부, 정원사, 우체국 직원, 청소부 등 온갖 분야에서 일한다. 물론 의사, 목사, 교사, 기업체 간부, 자영업자 등도 있다.

따라서 우리 아이들의 성공을 일부 소수만의 예외적 사례라고 말할 수 없을 것이다. 이 아이들은 혜택 받은 아이들이 아니다. 우리는 어떤 아이든 진정한 독서인이 될 수 있다는 사실을 증명해

낸 것이다.

독서의 목적은 기쁨이다

그렇다면 한 가지 질문이 생긴다. 교육의 목표가 아이들을 능숙하고 열정적이며 습관적이고 비판적인 독서가로 키워 내는 것이라면, 어째서 독서 지도라는 이름으로 행해지는 모든 노력은 오히려 이런 목표로부터 아이들을 멀어지게 하는 것일까? 아이들이 낭비한 시간과 세월을 생각하면 안타깝기 그지없다.

교사와 학교 당국은 독서에 대한 많은 연구 자료와 교육지침서, 읽기 교과서 등을 제공받지만 오히려 이런 것들의 희생양이 될 뿐이다. 효과도 없을뿐더러 독서인으로서의 아이들의 장래까지 망쳐 놓기 때문이다. 지금도 많은 선의의 교사가 지침에 따라 아이들에게 열심히 독서 지도를 하고 있지만, 자신도 모르게 아이들과 '독서의 기쁨' 사이에 높은 장벽을 쌓아올리고 있다.

독서의 기쁨. 그렇다. 이런 표현에 많은 부모와 교사가 불편함을 느낀다는 것을 나도 알고 있다. 이들은 독서 지도가 좀더 수업다운 형식을 띠어야 하는 것이 아닌지 의심을 품고 있다. 필기구와 연필을 갖춘, 좀더 교육적이고 적극적인 학습 활동이 되어야 하지 않을까 고민한다. 왜냐하면 이런 형식이 없으면 독서 수업은 너무 재미만 강조되어서 학습 효과가 떨어질 것이라고 생각하기 때문이다.

우리는 이런 생각을 뛰어넘어야 한다. 독서 수업 중 교사의 역할은 그저 아이들을 책과 독서의 세계로 초대하는 것이다. 그 다음은 아이들의 몫이다. 이것은 간단하지만 매우 숭고한 일이다. 아이들에게 독서의 기쁨을 알게 해주는 것이야말로 교사라는 직업의 최고의 소명이며, 학생이 도달할 수 있는 궁극의 목표인 것이다.

로버트슨 데이비스의 말을 한 번 더 인용해 보겠다. "독서의 목적은 오직 즐거움일뿐, 나태해지는 것이 아니다. 독서는 오락이지 심심풀이가 아니다. 독서란 책에서 환희를 발견하고 인생에 대한 식견을 넓히는 행위이다"(1959년). 이 말은 내게 마치 구인 광고의 문구처럼 들린다. "독서 교사를 구합니다. 책읽기를 도와 아이들이 삶의 환희를 발견하고 인생에 대한 식견을 넓히도록 도와줄 교사를 구합니다."

우리가 하지 않는 것

하지만 막상 독서 수업 중인 미국 초등학교 교실의 문을 열어 보자. 혹은 영어 수업을 하고 있는 고등학교 교실의 문을 열어 보자. 과연 진정한 독서의 기쁨이 그곳에 존재하는가? 교사들은 설명을 하고, 아이들은 설명을 듣는다. 아이들은 필기를 하고 빈칸을 채우는 문제를 풀며 그룹 토론을 한다. 리포트를 쓰거나 어휘를 공부하기도 한다. 모든 것을 다 하지만 딱 한 가

지, 책을 읽지는 않는다.

내가 가르치는 7, 8학년 아이들이 가장 좋아하는 미국 시인은 윌리엄 스태포드이다. 그의 작품 〈이 시詩가 하지 않는 것〉은 아이들이 가장 좋아하는 시이다. 우리 학교의 독서 수업에서 '우리가 하지 않는 것'을 하나씩 꼽아 본다면 미국의 전반적인 독서 수업의 문제점을 짚어나갈 수 있을 것이다.

먼저 독서 수업에서 우리가 하지 않는 첫 번째는, 교사가 직접 책을 골라주지 않는 것이다. 우리가 직접 책을 골라 주는 것은 아이들에게 너희는 책을 고를 만큼 충분히 똑똑하지도 믿음직하지도 않다고 말하는 것과 같기 때문이다.

버지니아 울프는 "문학은 사유지가 아니라 공유지이므로 누구나 아무 두려움 없이 자유롭게 들어와서 스스로의 길을 찾아나갈 수 있다"고 말했다. 독서 수업은 우선 '접근 금지' 팻말을 없애는 것에서부터 시작해야 한다. 아이들 스스로 문학의 세계를 탐험하면서 세상에서 가장 아름다운 풍경들을 마음껏 즐길 수 있어야 한다. 북토크 시간과 일대일 대화는 경치가 좋은 여행길을 안내해 주는 역할을 한다.

우리가 하지 않는 것 두 번째는, 아이들의 독서 여정을 방해하지 않고 희생을 요구하지 않는 것이다. 우리의 독서 수업은 시험이나 연습 문제, 필기, 프로젝트, 독후감, 리포트, 토론 발제 등을 요구하지 않는다. 교사들은 독서를 통한 아이들의 성장을 그저 아이들의 행동을 통해 판단할 뿐이다. 다시 말해, 아이들과 이야기를 나누고 그들의 말을 열심히 들어 주는 것이 전부이다.

우리가 하지 않는 것 세 번째는, 독서에 상을 내리지 않는다는 것이다. 아이들이 수백 권의 책을 읽는다고 해서 교장 선생님이 머리를 초록빛으로 염색하지도 않고 아이스크림 파티를 열어주지도 않는다. 독서의 기쁨은 독서 그 자체에 있다. "이번 주 나는 등장인물들과 함께 전 세계를 경험했다. 책 속에서 나는 여행을 하고, 감탄을 했다. 걱정을 하고 웃기도 하며 소리도 지르고 화도 냈다. 그리고 마침내 승리했다." 이야기와 등장인물이 불러일으키는 열정이야말로 아이들이 받는 최고의 상이다.

우리가 하지 않는 것 네 번째는, 불필요한 읽기 훈련으로 독서의 아름다움을 왜곡하거나 어지럽히지 않는 것이다. 우리 학교의 독서 수업에는 연습 문제나 어휘 훈련, 그룹 토론, 주의 사항, 이해력 테스트 따위가 없다. 대신 가벼운 북토크와 소리 내어 읽는 시간, 대화와 정적, 편안함, 간단한 기록 체계, 그리고 매년 해를 거듭할수록 늘어가는 도서 목록이 있을 뿐이다. 우리는, 독서 수업의 핵심은 많은 양의 독서와 열정적 독서라는 것을 잘 알고 있다. 이외의 모든 것은 쓸모없는 형식일 뿐이다.

우리가 하지 않는 것 다섯 번째는, 아이들에게 잘못된 정보나 공공연한 비판의 말을 하지 않는 것이다. 이곳의 아이들은 책을 읽을 때 얼마든지 훑어볼 수도 있고, 건너뛰며 읽을 수도 있으며,

읽었던 부분을 또 읽을 수도 있다. 재미없는 책을 덮어 버리는 것도 현명한 행동이라고 말한다. 결코 성격적 결함이 아닌 것이다.

공부를 잘 하는 아이가 책도 잘 읽는다고 말하지 않으며, 마찬가지로 책을 잘 읽는 아이가 공부도 잘하게 된다고 말하지 않는다. 누구도 아이들에게 독서 기록을 남기라고 말하거나, 모르는 단어를 찾아보라고 말하지 않는다. 소리 내어 읽는 시간을 종종 갖지만, 누구도 이를 바탕으로 아이들의 언어 능력을 판단하지 않는다.

우리는 또한 같은 책을 반복해서 읽는 것을 권장한다. 좋아하는 책 속으로 다시 빠져들고 싶은 마음은 절대로 나쁜 것이 아니다. 이것이야말로 진정한 독서인이 되어 간다는 확실한 징후이다.

독서 교사의 목표는 읽기에 대한 아이들의 스트레스를 없애거나 완화하여 읽기를 재미있게 느끼도록 하는 것이다. 우선 우리 스스로 독서인으로서 무엇을 하는지 아이들에게 솔직하게 보여준다. 책 읽는 즐거움의 대부분은 이야기 속에 푹 빠져 깨어나지 못하는 몰입의 순간에 있다. 그래서 우리는 이런 몰입을 되도록 방해하지 않으려고 많은 노력을 한다.

또 주변을 보면 많은 사람이 자신의 독서 방식에 회의를 갖고 있고, 좀더 효율적인 독서를 하지 못하는 자신을 원망하며 사는 것을 볼 수 있다. 그래서 우리는 아이들에게 자신의 독서 방식에 대해 확신과 자부심을 주는 것을 또 하나의 목표로 삼고 있다.

남자아이들은 책을 싫어한다는 편견

독서 수업이 남학생들에게 적절하지 않다는 생각도 바꾸어야 한다. 독서가 능동적이고 사색적이어서 남학생들보다 여학생들에게 어울린다는 주장이 있지만, 우리 학교 교사들은 이에 동의하지 않는다. 대신 우리는 남학생들과 많은 이야기를 나누어 그들의 관심사를 파악한다. 그렇게 해서 남학생들이 좋아할 만한 책을 찾아서 그들의 눈앞에 펼쳐 보여 준다.

남학생들은 책을 싫어하는 것이 아니다. 이들 역시 좋아할 만한 책을 쥐어 주면 눈 깜짝할 사이에 읽는다. 어떤 책을 선택하느냐는 소년 독서가에게 가장 중요한 문제이다. 독서에서 유일한 성별의 차이는, 여학생들은 스스로 책을 고를 수 있지만 남학생들은 도움을 필요로 한다는 것뿐이다. 따라서 남학생들에게는 좋은 책을 끊임없이 찾아주는 부모와 교사가 필요하다.

독서 수업에서 가장 중요한 것은 책을 읽는 것이라고 말했지만, 그렇다고 우리가 책만 읽는 것은 아니다. 우리의 목표는 평생의 독서인을 키워내는 것이다. 우리는 아이들에게 새로 나온 책과 예전에 나온 책을 소개한다. 작가와 장르에 대해 이야기를 나누고 소리 내어 책을 읽어주기도 한다. 또 서로 자신의 독서 방식과 독서 계획에 대해 이야기를 주고받는다.

우리는 소설의 구성 요소와 시의 조건, 효율적인 독서 원칙에 대해 가르쳐 준다. 모르는 단어를 만났을 때 어떻게 해야 할지, 따옴표가 어떻게 책에 목소리를 부여하는지, 빨리 읽어야 할 책은 무엇이고 천천히 음미하며 읽어야 할 책은 무엇인지, 올해 뉴베리 상 Newbery Award : 미국에서 가장 오래된 아동문학상__역주 수상 작가는 누구인지, 독후감은 어떻게 써야 하는지, 속편이란 무엇인지, 저작권 페이지에서 어떤 정보를 찾을 수 있는지, 소설의 화법이나 문체를 어떻게 구분하고 그 구분이 왜 중요한지, 책에 따라 혹은 읽는 사람에 따라 각자의 목적이 어떻게 다를 수 있는지, 편안한 책과 박진감 넘치는 책을 어떻게 구별하는지, 어려운 책이나 쉬운 책 혹은 자신의 수준에 딱 맞는 책을 어떻게 판별하는지 등에 대해 가르쳐 준다. 마지막으로 왜 진정한 독서인이 되는 유일한 방법은 자주 읽고 많이 읽는 것뿐인지 그 이유를 아이들에게 설명해 준다.

아이들은 책으로 자란다

이 책에는 내가 20여 년 동안 모아온 소중한 자료들이 담겨 있다. 이 자료들은 진정한 독서인을 만드는 방법은 오직 독서밖에 없다는 나의 주장에 대한 증거가 될 것이다. 매일의 독서, 풍부한 독서, 좋은 책이 가득한 방, 그리고 아이를 책의 세상으로 자연스럽게 이끌어 줄 부모와 교사…. 바로 이런 것들이 평생의 독서를 가르치고 배우는 방법이다.

초중고생을 가르치는 교사로서 독서 수업은 나에게 가장 단순하면서도 가장 어려운 업무이다. 하지만 가장 가치 있는 일이기도

하다. 우리 학교 아이들은 졸업할 즈음이면 또래 아이들에 비해 문학적으로 성숙하고 교양과 상식이 풍부한 아이들로 자라게 된다. 어휘 실력은 물론이고 역사 · 지리 · 인물 · 문화 등에 대해 모르는 것이 없을 정도이다. 메인 주의 작은 시골학교 아이들에게 책이 온 세상을 가르쳐 준 것이다.

아이들은 자라서 학교를 떠날 것이고 마침내 자신들이 꿈꿔 온 세상과 반갑게 조우할 것이다. 이 아이들에게 세상은 낯설지 않다. 이미 "그들의 상상의 방" 속에 존재해 온 세상이기 때문이다(스퍼포드, 2002년).

시드니 저라드는 이렇게 썼다. "독서를 통한 간접 체험은 사람의 본질까지 재구성하여 전혀 딴 사람으로 바꾸어 놓는다. 직접 체험과 다를 것이 하나도 없다. 체험이란 피만큼이나 침투력이 높은 모양이다"(1971년).

책을 읽으며 날마다 자신만의 독서 기술을 만들어 가는 아이에게는 매일 매일이 신선한 피를 공급 받는 날이다. 이런 아이들은 책을 통해 날마다 새로운 지식을 만나고, 새로운 감정을 느끼면서 상상력과 창의력이 자란다. 그리고 마침내 이들은 책이 없었더라면 감히 꿈꿀 수 없었던 멋진 인간으로 성장하게 된다.

우리 독서 교실의 벽에는 몇 년 전 내가 직접 만들어 걸어 둔 딜런 토마스의 글이 적힌 포스터가 있다. "내가 받은 교육이란 오로지 관심 있는 책을 마음껏 읽을 수 있었던 자유 단 하나였다. 나는

두 눈을 열심히 굴리며 닥치는 대로 읽었다."

나는 흔들의자에 앉아서 아이들이 누워 있는 오자미의자의 물결을 바라본다. 찢어진 청바지를 입고 책에 빠져서 열심히 두 눈을 굴리고 있는 아이들의 모습을 바라볼 때면, 나는 이것이 우리가 할 수 있는 최선의 교육임을 확신한다. 교실은 고요하고 조용하다. 어린 독서가들의 두뇌는 끊임없이 의미 있는 질문을 만들고 세상의 온갖 지식을 쌓아가고 있다.

아이는 어떻게 자신만의 **리딩존**을 발견하는가

Reading in the Zone

우리 학교의 입학 시기는 아이에 따라 매우 다양하다. 일부 아이들은 겨우 다섯 살 유치원생 때 입학하여 책을 접한다. 절반 이상의 아이들은 1~6학년 때 입학을 하지만 몇몇은 7, 8학년이 되어서야 입학하는 경우도 있다.

독서에의 몰입, 리딩존의 발견

매년 9월 새로 모집된 7, 8학년 학급은 미국 중학생 특유의 다양함을 보여 준다. 이들은 책에 대한 취향이나 자세, 읽기 능력, 독서 체험 등이 다 다르다. 하지만 11월경이면 이 모든 아이가 아주 편안하고 자연스럽게 자신만의 '리딩존 reading zone'을 발견하게 된다.

'리딩존'이라는 표현은 우리 학교의 7학년생 제드가 만들어 낸 것이다. 이 말은 토마스 뉴커크가 신문 사설에서 "독서의 몰입 상태"(2000년)라고 썼던 표현을 자신의 것으로 바꾼 것이다. 이 사설에서 뉴커크는 독서의 몰입 상태 즉 '절정의 기쁨'을 경험하지 못해서 책을 사랑할 줄 모르는 아이들에 대한 걱정을 토로했다.

나는 아이들의 반응이 궁금하여 뉴커크의 사설을 복사해서 나누어 주었다. 그러나 우리 아이들에게는 뉴커크의 문제 제기가 그다지 마음에 다가오지 않는 듯했다. 추수감사절을 기점으로 1~8학년의 모든 아이가 선생님의 신호와 동시에 마치 최면에 빠진 것처럼 자신만의 리딩존으로 빠져 들어갔기 때문이다.

나는 우리 7, 8학년 아이들에게 세 가지 질문을 던졌다. 하나, 뉴커크가 말한 '독서의 몰입 상태'가 무슨 뜻인지 이해하는가? 둘, 이해한다면 그것은 어떤 상태인가? 셋, 그렇다면 우리 학교의 어떤 점이 여러분을 그러한 몰입 상태로 빠져들게 하는가?

첫 번째 질문에 대해서는, 모든 아이가 이해한다고 대답했다. 독서 장애를 갖고 있는 아이들도 적어도 '독서의 몰입 상태'가 무슨 의미인지는 알고 있었다. 제드가 이것은 '상태'이기보다 어떤 '경지'에 가깝다는 의미로 '리딩존'이란 표현을 찾아내자 우리 모두 이 표현을 쓰게 되었다.

두 번째 질문에 대한 아이들의 답변은 다음과 같이 요약할 수 있다. "리딩존이란 독서가가 현실을 뒤로하고 책 속으로 들어가 등장인물의 감정과 상황을 자신의 것처럼 느끼는 상태이다."

또 많은 아이가 리딩존을 "영화보다 더 재미있는 머릿속 영화"

라고 비유했다. 우리 학교의 굉장한 독서가 중 하나인 닉은 이렇게 설명했다. "마치 머릿속에 영사막이 있어서 제가 읽는 페이지를 동시에 상영해 주는 것 같아요. 등장인물 한명 한명이 제 마음속에 살아 있고 그들의 행동 하나 하나가 제 행동처럼 느껴져요. 바깥세상의 소음은 전혀 들리지 않아요. 책을 손에서 놓고 싶지 않고, 마침내 제가 책을 읽고 있다는 사실조차 잊어버리죠."

마이클도 같은 생각이었다. "리딩존에 빠지면 제가 등장인물의 하나가 되는 것 같아요. 마치 제가 텔레비전 드라마나 영화 속에 들어간 기분이에요. 모든 것이 너무나 생생해요. 심지어 맛도, 냄새도 느껴지고, 몸에 닿는 느낌도 그대로예요. 리딩존에 들어가면 주변의 모든 것이 사라지고 오직 등장인물만이 존재하게 돼요."

리딩존으로 들어가는 데는 감정이입이 큰 몫을 한다. 아이들은 책을 읽으면서 자신도 모르게 등장인물들 속으로 빠져 들어간다. 타일러는 이렇게 설명한다. "마치 제가 책 속에 들어가 주인공 옆에 서서 그와 똑같은 생각을 하고 있는 느낌이에요."

오드리는 이렇게 썼다. "우선은 좋은 책을 읽어야 해요. 그렇지 않으면 좀처럼 리딩존으로 들어가지 못해요. 하지만 일단 그 안으로 들어가면 빠져나오기가 쉽지 않죠. 등장인물 중 누구에게 동화되느냐는 책마다 달라요. 제가 주인공이 되기도 하지만, 어떨 때는 주인공의 친구가 되기도 하고, 또 아무 말 없이 앉아서 주인공의 고민과 기쁨을 들어주는 사람이 되기도 해요. 마치 제가 그곳

에 꼭 필요한 사람 같아서 좀처럼 책을 떠날 수가 없어요."

포레스트는 리딩존에 대해 마치 머릿속에 영화관이 있는 것 같다고 말한다. "첫 페이지 첫 줄을 읽자마자 머릿속에서 영화가 상영되기 시작해요. 여자가 주인공일 때는 제가 관람객이 되지만, 남자가 주인공일 때는 제가 스타가 돼요."

많은 아이가 책에 빠져 있는 상태를 몽환 상태에 비유했다. "제가 어디에 있는지, 옆에 누가 있는지, 심지어 제가 누구인지도 잊어버려요." "책장을 넘기는 것도, 다음 페이지로 넘어가는 것도 의식하지 못해요." "몇 페이지를 읽는지, 저자의 문체가 어떤지, 책의 주제가 무엇인지 전혀 몰라요." "시간이 엄청나게 빨리 흐르지만 그조차 알지 못해요." "책을 읽는 동안 정신을 잃어버려요. 하지만 좋은 느낌이에요." 이 아이들에게 책에 대한 이해는 그저 책에 흠뻑 빠져 버리는 것으로 족했다.

아이들이 꼽은 리딩존의 조건

아이들은 자신들이 리딩존에 빠질 수 있었던 우리 학교의 환경에 대해서도 많은 의견을 내놓았다. 7학년인 포레스트는 우리 학교로 전학 온 지 6개월밖에 되지 않았지만, 이미 리딩존으로 들어가기 위해 필요한 조건들을 잘 파악하고 있었다. 그 아이는 다음의 조건을 꼽았다. 즉 선생님의 격려와 조언, 학교에서 책 읽는 시간, 넘쳐나는 양서, 절대 고요, 좋은 책을 추천받는 북토크 시간, 편안한 쿠션과 베개, 매일 밤 30분의 독서가 그것이다.

나는 아이들이 꼽은 리딩존의 조건을 카테고리별로 구분해 보았다. 다음은 그 중 상위 열 개의 조건이다.

01	북토크 시간과 미니 레슨 … 88%
02	다양하고 풍부한 도서 목록과 정기적인 신간 구입 … 74%
03	학교에서 갖는 조용한 독서 시간 … 73%
04	책 · 저자 · 장르에 대한 자유로운 선택 … 56%
05	선생님과 친구가 추천하는 책과 어린이책 코너 … 54%
06	편안한 독서 시간 … 53%
07	선생님과 친구에게 독서 편지 쓰기 … 53%
08	선생님과의 일대일 대화 … 31%
09	언젠가 읽고 싶은 나만의 도서 목록 작성 … 30%
10	매일 밤 30분 이상 책읽기 … 30%

이 가운데 특히 반가웠던 것은, 아이들이 조용한 독서 시간의 필요성에 대해 인식하고 있다는 점이었다. 20년이 흘렀음에도 나는 독서 수업 시간에 아이들에게 조용히 하라고 말하는 것에 대해 불편함을 갖고 있다. 아이들은 잡담을 하는 것이 아니라 책에 대해 이야기하고 문학에 대해 생각을 나누는 것이니 말이다.

하지만 독서 수업은 책을 읽는 일에 집중하는 시간이어야 한다. 또 아무리 책에 대해 말한다 해도 소음은 다른 아이들을 방해할 수밖에 없다. 내가 조용히 하라고 주의를 주지 않으면, 그것은 모든 아이에게 떠들어도 좋다고 허락하는 셈이 된다.

그래서 나는 침묵을 강조한다. 하지만 일단 책에 빠지게 되면 독서의 분위기는 저절로 고조된다. 리딩존에 흠뻑 빠져 있었던 아이들은 현실로 돌아온 후 이에 대해 이야기할 시간을 얼마든지 갖게 된다. 이는 독서인이라면 누구나 마찬가지일 것이다.

독서 중에 들리는 소음이 방해가 된다면 음악 역시 마찬가지이다. 이것은 클래식이라 해도 예외가 아니다. 일부 아이들에게는 아주 작은 소음도 방해가 된다. 선생님이 내는 소리도 마찬가지이다. 그래서 나는 책 읽는 아이들에게 말을 걸 때는 반드시 속삭이며 말한다. 아이들도 속삭이며 대답한다.

매년 9월이면 나는 독서 수업 중에 아이들에게 침묵의 중요성에 대해 설명한다. 나는 단체로 책을 읽을 때의 침묵은 자신은 물론 다른 친구들을 위한 배려라고 이야기해 준다. 또 매년 학기 초의 첫 주가 끝나면, 아이들에게 한 교실에서 여러 사람과 함께 책을 읽으면 집중하기 힘들지 않느냐고 묻는다. 그 결과 아이들이 단체로 책을 읽으면서 리딩존에 편안하게 빠지기까지는 적어도 4회의 독서 수업이 필요하다는 것을 알게 되었다.

아이들은 책을 읽을 때 몸이 편해야 집중이 잘 된다고 말한다. 그래서 우리는 오자미의자와 쿠션을 준비해 주었다. 내가 예전에 가르쳤던 학교의 교장 선생님은 아이들이 큰대자로 드러누워 책 읽는 모습에 질색을 했다. 나는 이것이 절대로 잘못된 태도가 아니라고 설득을 했지만 소용이 없었다. 그래서 교실 창에 "독서 중. 방해하지 마시오!"라고 쓰인 큰 장막을 쳐야만 했다. 아이들은 똑바로 눕기도 하고 배를 깔고 눕기도 했지만, 어쨌든 모두 책을 읽었다!

독서인이 되기 위한 필요조건, 하루 30분 책읽기

놀랍게도 아이들의 30퍼센트가, 매일 밤 30분의 독서가 리딩존의 발견에 도움이 된다고 말했다. 숙제라면 질색을 하는 아이들이 이 숙제의 의미를 인정하기까지는 많은 고통이 있었을 것이다.

중학교 교과 과정의 한계 때문에 학교에서는 읽는 시간을 늘릴 수 없고, 이것만으로는 능숙하고 열정적이며 습관적이고 비판적인 독서가로 키워내기 힘들다. 매일 시 한 편을 읽고 미니 레슨이

나 작문 등을 하고 나면 실질적으로 리딩존에 빠질 수 있는 시간은 불과 20분뿐이다. 그래서 나는 독서가 삶의 우선임을 알리기 위해 학교에서뿐만 아니라 집에서도 책을 읽어야 한다는 점을 늘 강조해 온 것이다.

독서는 선생님이 아이에게 내줄 수 있는 가장 기본적인 숙제이자 가장 중요한 숙제이다. 우리는 아이들에게 읽던 책을 집에 가져가서 적어도 30분 이상 더 읽은 후 다음날 다시 가져오게 한다.

독서 수업 중에 내가 귓속말로 아이들에게 가장 많이 묻는 말은 "지금 몇 페이지 읽고 있니?"이다. 나는 종이에 아이들이 읽는 책과 페이지 수를 기록한다. 아주 드문 경우이지만 전날 읽은 곳에서 20페이지 이상 진도가 나가지 않은 아이들에게는 두 배의 숙제(한 시간의 독서)를 내주기도 한다.

우리 학교 아이들은 매년 매 과목마다 숙제 검사를 통과해야 한다. 숙제를 한 번 안 해오면 교사가 지적하는 정도로 끝난다. 하지만 그 다음부터는 부모에게 편지를 보내 이를 알리고 협조를 부탁한다. 이런 가정통신문을 세 번째 보내게 되면 그때는 부모를 학교로 모셔 아이와 한자리에서 회의를 하며 해결 방안을 모색한다.

만약 아이가 하루 30분의 독서를 하지 않은 경우라면, 그 이유를 찾는 데 집중한다. 집 안에 책을 읽을 만한 장소가 마땅치 않은 것일까? 혹은 책을 읽을 시간이 없는 것일까? 아이가 책을 집으로 가져가는 걸 자꾸 잊어버리는 것일까? 혹은 부모나 아이의 독서의 중요성에 대한 인식이 부족한 탓일까?

아이들이 꼽은 그 밖의 리딩존의 조건은, 독서를 위한 넉넉한 시간과 공간의 확보이다. 또 책의 선택권, 북토크 시간, 독서 편지와 대화, 선생님의 지도 등도 더 깊이 살펴봐야 할 주제이다.

아이들이 꼽은 상위 10개 리딩존의 조건을 살펴보자면 놀라운 사실을 발견할 수 있다. 즉 아이들은 이미 독서인이 되기 위한 필요조건에 대해 너무나 잘 알고 있다는 것이다. 또 그들이 꼽은 어떤 것도 특별한 기술이나 기교가 필요하지 않다는 것이다.

나는 독서를 잘 가르치기 위해 최신의 교수법이나 교육 매뉴얼이 필요하다고 생각하지 않는다. 독서의 목적은 단순하다. 책과의 관계를 즐기는 아이, 책을 통해 선생님과 친구들과 교감할 수 있는 아이를 길러낼 수 있다면 그것으로 족한 것이다.

나의 학생들은 리딩존에서의 고요와 고독을 좋아한다. 이들은 책과 혼자가 되는 그 행복감을 이해한다. 동시에 다른 독서인과의 교류를 통해 더 많이 성장할 수 있다는 점을 이해한다. 바로 이것이 독서 수업과 독서 교사가 해야 할 역할이다.

최강의 독서를 만들어 내는 최고의 시스템은 아이들을 책 속에 푹 빠지게 하는 편안한 환경이다. 아이들을 날마다 리딩존으로 이끄는 선생님과 친구들, 그리고 책으로 가득 찬 교실이다.

03

아이에게는 자신의 책을 **선택**할 권리가 있다

Choice

프랑스 작가 다니엘 페냑은 독서의 기쁨을 《베터 댄 라이프Better Than Life》라는 제목의 책으로 열렬히 찬양했다. 이 책의 표지에는 그가 정리한 '독서인의 권리장전'이 있다. 책을 사랑하는 아이들이라면 이미 다 알고 있는 것이지만 정작 부모와 교사들은 이해하지도 알지도 못하거나, 혹은 자신들은 즐기면서 아이들에게는 허락하지 않는 권리이다. 나는 매 학기 첫 주에 아이들과 이에 대해 토론을 한다. 잠깐 그의 '독서인의 권리장전'을 들여다보자.

독서인의 열한 번째 권리 조항, 자유롭게 선택할 권리

페냑의 권리장전 중 몇 가지는 독서인의 독서 방식을 절대적으로 옹호한다. 이 가운데 '소리 내어 읽을 권리'는 우리 아이들 사이에 가장 많은 논란을 불러일으킨다.

독서인의 권리장전

01 내키지 않는 책을 읽지 않을 권리

02 페이지를 뛰어넘어 읽을 권리

03 다 읽지 않을 권리

04 다시 읽을 권리

05 무엇이든 읽을 권리

06 상상의 세계로 도피할 권리

07 어디서든 읽을 권리

08 대충 훑어볼 권리

09 소리 내어 읽을 권리

10 자신의 취향을 변명하지 않을 권리

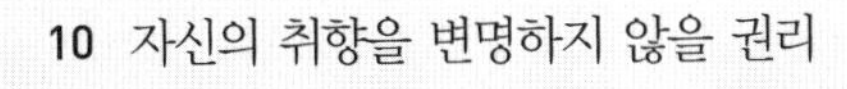

왜냐하면 어린 독서가들은 책을 잘 읽는 아이나 못 읽는 아이나 소리 내어 읽기에 많은 곤란을 겪고 있기 때문이다. 또 '다 읽지 않을 권리'에는 아이들이 문구 하나를 첨가했다. 바로 '결말 부분만 읽을 권리'이다. 아이들은 이 권리장전에 열한 번째 권리를 첨가하자고 제안했다. 그것은 '수많은 좋은 책에 자유롭게 접근할 권리'이다.

페낙이 꼽은 그 밖의 권리에는 '무엇'을 읽느냐에 대한 그의 생각이 담겨 있다. 나의 학생들은 취향에 따라 읽을 권리에 가장 큰 점수를 준다. 그들은 또한 책의 자유로운 선택에 대한 페낙의 당당한 선언에 호감을 보였다. "어떤 책을 읽어야 하는 이유는 책을 읽으며 살아야 하는 이유처럼 설명이 불가능하다."

의무감이나 강요에 의해서 읽는 책과는 친구가 될 수 없다

우리 학교에서 책에 대한 선택은 당연하게 여겨진다. 아이들은 자신이 읽을 책을 스스로 선택한다. 이렇게 하는 이유는 스스로 선택하는 아이가 자라서 책을 읽는 어른이 될 가능성이 훨씬 높기 때문이다.

소량의 지정 도서만 받아먹으며 읽는 아이들은 독서에 대한 가장 중요한 질문에 스스로 답을 찾지 못한다. 바로 "왜 책을 읽으려고 하는가?"라는 질문이다. 윌리엄 딘 호웰은 이에 대해 정확한 표현을 했다. "의무감 때문에 혹은 강요에 의해서 읽는 책은 좀처

럼 당신의 친구가 될 수 없다."

교사 한 사람이 학급 아이들 전체가 좋아할 만한 책을 골라 주는 일은 그 아이들이 자라서 누구와 결혼할지 정해 주는 일만큼이나 황당하다고 할 수 있다. 책의 선택은 그만큼 개인적이고, 개별적이며, 유별난 일이다.

각기 다른 재능과 배경을 가진 아이들을 독서인으로 변화시키는 것은 오로지 좋은 책을 읽는 것, 단 하나뿐이다. 독서량이 부족하거나 독서를 싫어하는 사람조차도 단 한 권의 책으로 인생이 바뀔 수 있다. 따라서 어른의 역할은 아이를 책의 세계로 인도하여 그 고사리 같은 손에 천국과 지상의 세계를 쥐어 주는 것이다.

교사인 내게 그 과업은 학기 첫날부터 시작된다. 나는 아이들에게 설문지를 나눠 주어 어떤 책을 좋아하고 현재 독서인으로서의 자신에 대해 어떻게 생각하고 있는지 묻는다. 설문지는 모두 두 장으로 아이들에게 충분한 여백을 제공한다.

나는 이 설문지를 바탕으로 한 학급에 한 장씩 간단한 기록표를 만들어 클립보드에 끼워서 들고다닌다. 기록표에는 아이의 최근 독서 이력과 읽은 책의 수, 선택한 책의 제목, 좋아하는 작가, 좋아하는 등장인물의 유형 등을 기록해 놓는다. 좋아하는 책을 여러 번 읽은 경험이 있는지, 독서 계획이 있는지 등도 좋은 징조로서 기록에 포함시켜 놓는다. 책에 대해, 그리고 독서인으로서의 자신에 대해 어떤 생각을 갖고 있는지도 간단하게 요약해 놓는다.

독서 설문 조사

이름 :

01 다음 질문에 답해 주세요.

- 현재 자신이 갖고 있는 책은 몇 권이나 되나요?
- 가족이 갖고 있는 책은 모두 몇 권인가요?
- 방학 동안에 읽은 책은 몇 권인가요?
- 방학을 제외하고 지난 한 해 동안 읽은 책은 몇 권인가요?
- 그 중 자신이 직접 선택하여 읽은 책은 몇 권인가요?

02 지금까지 읽은 책 중 최고의 책 세 권을 꼽는다면?

03 가장 좋아하는 등장인물은 어떤 사람인가요?

04 가장 좋아하는 장르나 책의 종류는?

05 최근 좋아하게 된 작가는?

06 어떤 책을 읽을지 말지 결정하는 자신의 방법은?

07 같은 책을 여러 번 읽을 정도로 좋아한 적이 있나요? 그렇다면 어떤 책을 여러 번 읽었나요? 기억나는 책의 제목을 써 주세요.

08 왕성한 독서가가 되기 위해서는 무엇을 알아야 할까요?

09 책을 읽음으로써 갖게 된 최고의 장점 세 가지를 꼽는다면?

10 독서에 있어 좀더 잘하고 싶은 것이 있다면?

11 다음에 읽을 책을 정했나요? 아래에 소개해 주세요.

12 독서에 대해, 또 독서인으로서의 자신에 대해 어떻게 생각하나요?

이렇게 모든 것이 기록표에 정리되면 수업을 시작할 준비가 끝난 셈이다. 이제 북토크를 계획하고 내가 아는 책들을 아이들의 기호에 맞춰 추천해야 한다.

한 아이당 20권의 책은 필요하다

끝이 없는 일 중에서도 나는 독서 교실 안의 서가를 꾸려 가는 일에 상당 시간을 할애한다. 교실 안 서가에는 어떤 독자의 기호도 충족해 줄 수 있는 다양한 종류의 책이 충분히 있어야 한다. 그러기 위해서는 한 아이당 적어도 20권 이상의 책이 필요하다.

나는 매달 두세 번 아동물은 물론 청소년 문학 작품 목록을 잔뜩 들고서 서점에 간다. 이자벨 알렌드, 마가렛 앳우드, 조나던 새프런 포어, 데이브 애거스, 바바라 킹솔버, 얀 마텔, 팀 오브라이언, 리처드 루소, 데이비드 세다리스 등의 작품은 아이들에게 독서인으로서의 자신만의 취향과 정체성을 심어 줄 것이다.

나는 서점을 구석구석 천천히 돌아다닌다. 가능성이 있는 책은 무엇이든 살펴본다. 아이들 사이에 인기가 많았던 작가와 출판사의 작품은 더욱 눈여겨본다. 아이 하나 하나의 취향과 기호를 생각하면서 책을 고른다.

조나던은 디스토피아풍의 SF과학 소설을 좋아한다. 냇은 스포츠 소설을 좋아한다. 닉은 탐험으로 가득한 판타지 소설을 좋아한다. 제드는 앤 라이스의 소설을 좋아한다. 타일러는 《캐치-22 Catch-22》, 《뼈의 법칙 Rule of the Bone》, 《해변 The Beach》 등 파격적이고 기묘한 신세대 소설에 빠져 있다. 노아는 아일랜드에 관한 책이라면 뭐든 좋아한다. 브룩스와 마일즈는 흥미진진한 줄거리에 남자아이가 주인공인 책이면 쉽게 동화되어 빠져든다.

나는 후보 책들을 높이 쌓아놓고 앉아 한권 한권 페이지와 장들을 훑어본다. 한 번 서점을 방문할 때 북토크에서 이야기할 만한 책 네댓 권을 건지면 정말 운이 좋은 날이다. 계산을 할 때는 교원할인 혜택을 꼭 챙긴다.

다시 말하지만, 우리 학교는 전집이나 선집은 구입하지 않는다. 따라서 우리의 도서 구입 예산은 모두 단행본을 사는 데 쓰인다. 대개 페이퍼백을 구입하지만 학생들이 기다리지 못하는 책은 하드커버로 구입하기도 한다. 미국에서 대부분의 책은 두꺼운 표지의 양장본으로 먼저 출시되고 몇 개월 후 저렴한 가격의 종이 표지로 다시 출시된다.__역주

나는 책을 고르는 데 도움을 얻기 위해 평론도 읽고 있다. 특히 내가 좋아하는 평론가는 《중학생의 목소리 Voices from the Middle》 전미영어교사회가 발간하는 중학생 대상의 문학계간지__역주 에서 청소년 문학 비평을 맡고 있는 테리 레지슨과 《잉글리시 저널 English Journal》 전미영어교사회가 발간하는 중고등부 교사용 격월간 잡지__역주 의 평론가 돈 갤로이다.

나는 또한 《북리스트 Booklist》 미도서관협회가 발간하는 월간 도서 잡지__역주 의 고정 독자이며, 〈뉴욕타임즈 북리뷰 New York Times Book Review〉 일요일

에 발행되는 뉴욕타임즈 북섹션_역주 도 읽는다. 정기적으로 다른 7, 8학년 교사들과도 정보를 교환한다. 덕분에 어떤 문학상이 중요한지, 어떤 추천이 믿을 만한지 알게 되었다. 책을 고를 때 나는 앞표지나 뒤표지에 쓰인 여러 글 중에서 다음과 같은 문구를 주로 찾는다.

즉 ALA American Library Association : 미도서관협회 청소년 베스트북 10선, 책을 싫어하는 청소년을 위한 ALA 퀵픽 Quick Pick : 재미있고 읽기 쉬운 도서_역주, ALA 알렉스 어워드 Alex Award 수상작, 뉴욕도서관 선정 청소년 도서, 내셔널북어워드 National Book Award 수상작 혹은 최종 후보작, 코레타 스캇 킹 어워드 Coretta Scott King Award 수상작, 마이클 프린츠 Michael Printz 청소년 문학상 수상작, 스쿨라이브러리저널 School Library Journal 선정 올해의 책, 커커스리뷰 Kirkus Reviews 의 편집자 선정 도서, 커커스리뷰 · 퍼블리셔스위클리 · 북리스트 · 더혼북 The Horn Book · 스쿨라이브러리저널의 추천 도서 등이 그것이다.

나는 청소년 문학을 많이 읽으며 무척 좋아한다. 하지만 학교에서 구입하는 책을 모두 읽을 수는 없다. 무엇보다 시간이 부족하기 때문이다. 하지만 최대한 빨리 읽어서 가능한 많이 읽으려고 노력한다. 조용한 주말 아침을 이용하면 적으면 한 권, 많으면 두 권 정도는 읽을 수 있다.

하지만 어떤 책들은 아예 읽기 힘든 경우도 있다. 특히 SF과학소설은 내 능력 밖이다. 원정 판타지 소설, 테크노스릴러물, 혹은 댄 브라운, 캐롤린 B. 쿠니, 프란세스카 리아 블록 등의 소설은 손도 대기 힘들다. 하지만 나에게는 이런 장르와 작가들을 좋아하는 제자들이 있다. 나는 이들에게도 독서에 관한 조언을 해야 한다.

그래서 나는 전문가의 도움을 받는다. 바로 이런 장르를 정확히 가르쳐 줄 아이에게 묻는 것이다. 판타지 소설을 두루 섭렵한 여러 아이 덕분에 나는 지미가 브라이언 재크의 《레드월 Redwall》 시리즈를 끝마칠 즈음에 데이빗 에딩스, 필립 풀먼, 로버트 조든, 조너던 스트라우드, 크리스토퍼 파올리니 등의 작품을 준비하고 소개할 수 있었다.

나는 또한 새 책이 들어오면 그 책을 가장 좋아할 만한 아이에게 원한다면 가장 먼저 읽고 검토를 해줄 것을 부탁한다. 아이는 검토한 책에 대한 감상을 북토크 시간을 통해 발표한다.

나는 수업을 준비하고 학생 평가를 하며 교무회의에 참석하고 영어뿐만 아니라 역사 교사로도 일한다. 이 일들을 다 하면서 독서 교실에 들어오는 책을 다 읽는다는 것은 현실적으로 불가능하다. 하지만 특정 장르를 좋아하는 아이들과의 유대를 통해 나는 청소년 문학과 충분히 가깝게 지낸다. '아이들의 책과 가까이 지내기'는 나의 직업적 목표이다.

아워북 : 아이들에 의한, 아이들을 위한, 아이들의 책

나는 또한 아이들끼리 서로 좋은 책을 추천하는 방법을 고안하기도 했다. 우리 학교에는 매 학년마다 '아워북 Our

Book' 이라 이름 붙인 책꽂이나 진열대가 있다. 이곳에 꽂히거나 진열될 책은 교사가 아니라 아이들이 직접 고른다. 때로는 아이가 북토크 시간에 좋아하는 책을 발표한 후 이곳에 꽂아두기도 한다. 또 발표도 하지 않고 재미있게 읽은 책을 슬며시 이곳으로 옮겨놓기도 한다. 한 학년이 끝나는 6월이 되면 전 학년의 아이들이 학년별 · 성별로 분류된 걸작 목록을 갖게 된다. 우리는 이를 '6월의 목록' 이라고 부른다.

'6월의 목록' 에는 다음 질문에 아이들이 가장 많이 추천한 책들도 포함된다. "같은 학년 친구들을 위해 자신이 읽은 가장 좋은 책 10~12권을 추천해 주세요." 이 질문에 대한 아이들의 대답은 여름방학 동안 학교 홈페이지 www.c-t-l.org 를 통해 아이들과 학부모, 그리고 교사와 일반인에게 공개된다.

아이들의 목록은 매년 달라진다. 다른 모든 분야도 그렇지만 아동 문학은 최근 들어 급변하고 있기 때문이다. 몇 년 동안 아이들 사이에서 줄곧 인기를 유지하는 책은 몇 권에 불과하다. 예를 들어, 청소년 문학의 지평을 연 S. E. 힌튼의 1968년작 《아웃사이더 The Outsiders》가 그 중 하나이다. 하지만 대부분은 탈락하여 새 책에 자리를 내주어야 한다. 나는 아이들이 책 한 권을 읽는 동안은 절대로 구입 도서 목록을 만들지 않기로 했다. 잉크가 마르기도 전에 진부한 목록이 되기 때문이다.

우리 학교 홈페이지에서 '6월의 목록' 을 다운로드해 가는 중학교 영어 교사들이 많이 있다. 다운로드 중 이들은 다른 학교에서 지정 도서로 쓰이는 책도 간혹 발견할 것이다. 사실 지정 도서란 교사가 한 학급의 모든 아이에게 읽으라고 지정해 주는 책이다. 내가 20년 동안 여러 사립과 공립 학교에서 독서 지도를 하면서 아이들이 읽는 책에 대해 부모들이 우려를 표한 적은 한 손가락에 꼽을 정도이다.

이렇게 부모들의 문제 제기가 적었던 이유는, 내가 《호밀밭의 파수꾼The Catcher in the Rye》 같은 책을 수십 권씩 구입해서 일제히 읽으라고 나눠 준 적이 없었기 때문일 것이다. 우리의 독서 교실 문고classroom library : CTL에는 두 학년에 하나씩 모두 네 개의 독서 교실이 있고, 그 안에 해당 학년에 맞는 독서 교실 문고가 마련되어 있다. 각 독서 교실 문고에 비치된 책의 수는 2~3천 권 정도로 아이들에게 넓은 선택의 폭을 제공하며, 언제나 쉽고 편하게 책을 고르고 빌려가고 반납할 수 있도록 도와준다. 독서 교실 문고는 신간이 나오거나 아이들의 관심사가 변할 때마다 계속 바뀌며, 아이들의 관심에서 멀어진 책들은 학교 도서관에서 소장한다. 물론 아이들이 다시 그 책을 읽고 싶어하면 교사의 요청으로 대여하여 언제든 다시 독서 교실 문고로 가져올 수 있다_역주에는 단 한 권의 《호밀밭의 파수꾼》이 꽂혀 있고, 누구든 관심 있는 아이가 읽는다. 결론적으로, 나도 부모의 입장이기 때문에 아이의 독서에 대한 부모의 희망 사항을 존중한다.

9월의 어느 저녁, 7학년생 윌의 아버지가 전화를 걸어 왔다. 독실한 기독교 집안에서 자란 윌이 욕설과 성적 묘사가 가득한 틴에이지 소설을 읽고 있었기 때문이다. 아버지는 그 책의 어투에 불

쾌감을 느끼며 윌이 그러한 줄거리와 주제를 이해하기에는 너무 어리고 경험이 없다고 말씀하셨다. 나는 이렇게 대답했다.

"아버님의 생각을 이해합니다. 윌에게 어떤 책이 최선일지 고민하시는 마음도 이해합니다. 아드님에게 아버님의 생각을 그대로 말씀하세요. 저도 내일 독서 수업 시간에 아드님에게 이야기하겠습니다. 전화 걸어주셔서 고맙습니다. 아버님과 어머님이 윌의 선택에 편안함을 느끼셔야 그 아이의 독서를 응원할 수 있을 겁니다. 우리 학교에는 윌이 좋아할 만한 책이 얼마든지 많이 있습니다."

또 한 번은 어느 가을 월요일 아침, 주차장에 차를 세우고 나오는 길에 잭의 어머니를 만났다. 주말 동안 잭이 로버트 코미에의 소설을 읽고 지나치게 흥분하더라는 것이었다. "아이가 어제 내내 쇼크 상태였어요." 어머니가 말씀하셨다. "주인공에게 끔찍한 일이 일어났어요. 잭은 그런 책을 감당할 수 없어요. 그 아이에게는 판타지가 더 잘 맞아요." 이번에도 나는 이렇게 대답했다.

"말씀해주셔서 고맙습니다. 저도 지금 잭이 어떤 아이인지 알아가고 있습니다. 현대 청소년 작가들의 리얼리즘은 대단히 냉혹한 면이 있습니다. 당분간 잭에게 그런 책들을 삼가라고 권유하겠습니다. 독서는 기쁨이 되어야지 고통이 되어서는 안 되니까요."

나 역시 엄마이다. 그래서 부모들이 갖는 걱정과 우려는 나에게 매우 중요하다. 따라서 부모들이 아이가 읽는 책에 대해 걱정을 표할 때는 반드시 그 아이 개인의 차원에서 답변을 한다. 이런 과정을 통해 우리 학교에서는 물론 과거 내가 일했던 학교에서도 특별히 아이들의 책을 검열해야 한다는 문제는 제기되지 않았다.

나는 그 이유가 아이들이 자신이 읽을 책을 직접 선택한 덕분이라고 생각한다. 나는 아이들이 읽을 책을 지정해주지 않으며, 많은 책을 읽은 덕분에 대부분의 책 내용을 파악하고 있다. 소장해야 할 정당한 이유가 없는 책은 구입하지 않는다.

이 말은 우리가 책을 구입하기도 하지만 반품을 하기도 한다는 뜻이다. 구입은 했지만 막상 읽어 보니 아무런 문학적 가치가 없다고 판단되면, 나는 서점에 가져가 환불해 줄 것을 요구한다.

아이가 책을 사랑하게 되는 것은 단 한 권이면 족하다

나는 쓰레기 같은 책은 사지 않으려고 최선을 다한다. 아이들은 이미 충분히 대중문화에 노출되어 있다. 나는 성인용 책도 거의 사지 않는다. 나는 박진감 넘치는 대중 소설과 순수 소설의 차이를 설명해 준다.

때로는 지역 도서관에서 베스트셀러를 빌리거나 인터넷에서 도입부의 몇 장을 다운받아서, 아이들에게 소리 내어 읽어 주고 반응을 살피기도 한다. 문학 작품과 청소년 소설, 제임스 패터슨, 노라 로버츠 등을 읽어 온 아이들은 충격을 받는다. "어떻게 이런 책이 베스트셀러가 될 수 있죠? 이런 책을 누가 읽나요? 누가 이런 책을 좋은 책이라고 생각하나요?"

하지만 동시에 아이들은 댄 브라운이나 마이클 클라이튼과 같은 작가에 대해서 이렇게 말할 줄 안다. "뛰어난 문장을 구사하지도, 멋진 캐릭터를 만들어내지도 않지만, 그래도 줄거리에 사로잡혀서 미친 듯이 책장을 넘기게 돼요."

대중 소설이라 해도 충분히 얻는 게 있는 것이다. 특히 대중 소설이 무엇인지 이해시키는 것이 가장 큰 수확이라고 생각한다. 아이들은 책에 대해 반복해서 대화하면서 어떤 책이 소중한 시간을 투자하여 공들여 읽을 만한 책인지 판단력을 갖게 된다.

재미없는 책을 읽기에 시간은 너무 부족하고 좋은 책은 너무나 많다. 아이들에게는 만족스럽지 않다면 얼마든지 책을 내던질 수 있는 허락 이상의 권리가 필요하다. 부모나 교사가 기꺼이 그래도 좋다고 응원해주어야 하고, 경우에 따라 읽지 말라는 중단 명령도 필요하다.

아이가 책을 사랑하게 되는 것은 단 한 권이면 족하다. 하지만 아직도 그런 책을 만나지 못한 아이는 리딩존에 들어가는 것이 어떤 기분인지 모르기 때문에 지겨운 책을 들고 오랜 시간을 그저 앉아만 있어야 할지도 모른다. 아이가 책을 마음에 들어하지 않을 때 교사는 당당하게 그 책을 내려놓게 해야 한다. 그리고 서너 권의 새로운 책을 추천해주어야 한다.

또 포기한 책을 아이들 스스로 대화를 통해 파악하게 하는 것도 큰 도움이 된다. "책을 그만 읽기로 결심하기까지 적어도 몇 페이지이나 읽어야 할까?"라고 묻는 것도 도움이 될 것이다.

무엇보다 독서 수업에서 가장 중요한 것은, 우리 아이들이 반드시 독서의 기쁨을 위해 책을 읽어야 한다는 것이다. 이것은 변치 않는 목표이다. 한번 독서 습관을 갖게 되면, 책이 스스로 아이들의 취향을 만들 것이다.

동화 작가인 필립 풀먼은 이렇게 말한다. "참교육은 기쁨이 책임감과 사랑에 빠지는 순간에 꽃으로 활짝 핀다. 무언가를 사랑하게 되면 돌보고 싶어진다"(2005년).

아이들에게 우리의 사랑을 보여 주는 방법 중 하나는 그들의 독서 인생을 돌봐주는 것이다. 아이들의 마음을 기쁨의 책으로 가득 채울 때 마침내 그들은 문학과 지성을 소중히 여기는 사람으로 자라게 될 것이다.

04

아이는 오로지 **읽기**를 통해 읽기를 배운다

Ease

우리 학교의 교사용 지도서의 읽기와 관련된 장은 프랭크 스미스의 말을 인용하는 것으로 시작된다. "아이들은 오로지 책을 읽는 것을 통해 읽기를 배운다. 따라서 읽기 능력을 향상시키는 유일한 방법은 쉬운 책을 읽히는 것이다"(1983년).

아이마다 읽을 책과 읽는 방식은 따로 있다

과거의 따분하고 백해무익하던 읽기 교과서의 기억을 떨쳐 버리기 위해 나는 이 지도서를 늘 곁에 놓아둔다. 스미스의 말은 독서에 관한 한 교사의 역할은 독서가 무엇인지 그 본질을 이해하고 아이들에게 필요한 것을 가르치는 것, 한 마디로 아이들이 능숙하고 열정적이며 습관적이고 비판적인 독서가로 자라는 과정을 좀더 쉽게 안내해 주는 것이 전부라는 사

실을 상기시켜 준다.

이는 내가 교육대학원에서 배운 것과는 정반대이다. 대학원에서 영어교육학을 전공할 때 나는 아이들에게 지정 도서를 읽혀야 한다고 배웠고, 반드시 토론과 테스트, 심지어 장별 에세이를 쓰게 해야 한다고 배웠다. 이런 방식은 이중적이었다. 어려운 독서를 요구하면서 한편으로는 충분히 읽을 수 있는지 아이들의 실력을 검증하라는 것이었기 때문이다.

사실 내가 중고등학교를 다닐 때도 바로 이런 방식으로 읽기를 배웠다. 그 결과 나는 몇몇 책과 몇 년 동안 아주 끔찍한 관계를 맺어야 했다. 《숲속의 빛 The Light in the Forest》, 《나의 안토니아 My Antonia》, 《위대한 개츠비 The Great Gatsby》, 《모비딕 Moby-Dick》, 《주홍글씨 The Scarlet Letter》, 《오만과 편견 Pride and Prejudice》 등이 바로 그런 책이다. 당시의 경험을 통해 나는 사람마다 읽을 책과 읽는 방식이 따로 있다는 생각을 하게 되었다. 그렇지 못하면 상처만 남게 된다는 것도 알게 되었다.

아이가 글 읽는 법을 배우고 글을 잘 읽게 되는 과정만으로도 이미 충분히 어렵다. 글을 저절로 유창하게 읽게 되기까지는 몇 년을 연습해야 한다. 따라서 되도록 친절한 방식, 다시 말해서 좋아하는 책과 인내심 있는 교사, 그리고 독서가 편안한 환경 속에서 책읽기를 연습해야 아이는 신이 날 것이고, 이해력과 어휘력도 빠르게 상승할 것이다.

아이가 읽고 싶은 책을 쉽고 편하게 찾을 수 있어야 한다

독서를 편안하게 느끼게 해주는 기본적인 조건은 독서 교실 안에 재미있는 책을 가득 꽂아 두는 것이다. 아이들이 책꽂이에서 책을 꺼내 읽고 다시 제자리에 돌려놓는 과정이 아주 간단해야 한다. 듀이십진분류법 Dewey decimal system : 가장 일반적인 도서분류법_역주 은 이곳에서는 전혀 필요하지 않다. 그저 아이들이 읽고 싶은 책을 가장 편하게 찾을 수 있도록 정리해 두면 된다. 읽고 싶은 책이 무엇인지 모르는 아이들까지도 그 편안함을 같이 느낄 수 있어야 한다.

25년 전 내가 막 청소년 문학에 입문하기 시작했을 때 나의 독서 교실 문고의 도서 분류 방식은 단순하기 짝이 없었다. 소설, 비소설, 시. 이 세 가지가 전부였던 것이다.

지금 내 독서 교실 문고에는 무려 1,200권의 책이 꽂혀 있다. 주제별 분류는 물론 저자의 이름에 따라 알파벳순으로 정리되어 있다. 분류된 주제는 매우 쉽고 다양하다. 자서전과 자전 소설, 유머 · 판타지 · SF과학 · 스릴러 · 공포와 초자연 소설, 스포츠 소설, 역사 소설, 전쟁 소설과 반전 소설, 운문 소설과 운문자서전, 만화 소설과 역사, 명시선집, 시집, 단편 소설, 고전, 드라마, 수필, 그리고 가장 많은 비율을 차지하는 청소년 사실 소설 contemporary realistic fiction : 실제 현실과 아이들의 생활을 모티브로 한 밝은 분위기의 소설_역주 등이 있다.

여기에 나는 신간 코너를 따로 만들고 작가별로 책을 꽂아 두었

다. 또 아이들은 아이들끼리 '아워북' 코너를 꾸려가고 있다. 우리는 이 코너를 교실 앞쪽에 설치하고 모두 앞표지가 보이게끔 진열하고 있다. 이렇게 진열하면 책이 더 읽고 싶어지고 아이들도 더 편하게 다가가기 때문이다.

우리 독서 교실 문고에 내가 절대로 포함시키지 않는 책은《기네스 세계신기록》과 스포츠 통계와 관련된 책, 만화책, 자전거 매뉴얼, 컴퓨터 게임 관련 책, 닭고기 수프 시리즈, 10대 유명 스타의 자서전 등이다. 아이들을 리딩존으로 이끄는 것이 독서 지도의 목적인 이상, 이들에게 읽혀야 할 책은 당연히 글과 이야기의 힘이 강한 책이어야 한다고 생각하기 때문이다.

책주머니는 책에 대한 사랑을 배우는 선물이다

독서 교실 문고에 꽂힌 책은 자주 분실되곤 했다. 정확히 말하면, 아이들이 잃어버린 것이다. 한편으로는 아이들이 책을 너무 좋아해서 영원히 빌려간 것이라고 긍정적으로 생각했지만, 다른 한편으로는 낭비된 비용에 화가 나기도 했다. 책을 사는 데 소요된 비용도 있지만 다른 아이들이 놓친 독서의 기회비용도 있기 때문이다. 책을 잃어버리지 않도록 열심히 챙기려고 하면 시간이 너무 많이 소요되었고, 아이들의 자율에 맡기면 책이 너무 많이 사라졌다.

하지만 드디어 간단한 해결 방법을 찾아냈다. 1~8학년의 전 과목 교사들이 학생마다 한 장씩 가로세로 10×15센티미터 크기의 인덱스 카드를 만들었다. 우리는 이것을 학생별로 하나로 묶은 다음 다시 학급별로 모아서 뚜껑 없는 상자 안에 연필 한 자루와 함께 넣어 두었다.

아이들은 책을 빌려갈 때 자기 학급의 상자 안에서 자신의 카드를 찾아 빌려가는 책의 제목을 기입한다. 책을 반납할 때는 아이가 카드와 책을 독서 교사 앞으로 가져오면, 교사가 기입된 책 제목 위에 줄을 긋고 그 옆에 사인을 한다. 그러고 난 후 아이는 책을 교실 문고에 꽂는다. 대개는 독서 수업 중에 아이들 사이를 돌면서 사인을 하게 되고 곧바로 책이 반납된다. 덕분에 예전처럼 매년 3분의 1 이상의 책이 분실되는 일은 없어졌다. 지금은 매년 서너 권의 책이 분실될 뿐이다.

책의 대여와 가정에서의 책읽기, 그리고 반납의 과정을 좀더 쉽게 하기 위해 우리는 운반 수단을 고안해 냈다. 재봉틀을 가진 학부모 한 분에게 일정 사례금을 드리고 4학년용 책주머니를 만들어달라고 부탁한 것이다. 책주머니는 밝은 색의 튼튼한 천으로, 크기는 가로세로깊이가 각각 40×32×7.5센티미터이다. 그리고 약 65센티미터 길이의 손잡이가 두 개 달려 있다.

이 책주머니는 학교가 학생에게 주는 선물이며, 학생은 그해 내내 이 주머니를 사용하면서 책에 대한 사랑을 배우게 된다. 독서 수업이 끝나고 나면 담당 교사는 모든 아이가 책주머니 안에 책을

넣었는지 확인하고 다음날 아침 다시 들고 왔는지를 확인한다. 한 학년이 끝나는 6월이 되면 아이들의 책주머니를 모두 수거해서 세탁을 하고 수선을 하거나 필요한 경우 새것으로 보충한다. 그리고 9월 새 학기가 되면 다시 아이들에게 나눠 준다.

고학년 아이들은 밝은 색의 책주머니를 들고 다니는 것에 질색을 한다. 5~8학년 아이들은 책을 가방 안에 넣어 다닌다. 하지만 이들도 독서 수업이 끝난 후 가방 안에 책을 넣었는지 교사의 확인을 받아야 한다.

가정에서의 30분 독서에 대한 부담을 덜어주기 위해서 우리는 책과 관련해서는 아무 숙제도 내주지 않는다. 복사물이나 독서 리포트, 독후감 등 아이들의 독서를 검사하고 테스트하여 마침내 독서의 즐거움을 빼앗아 버리는 식의 과제물은 일절 내주지 않는다.

우리는 책의 위대함을 믿는다. 우리는 또한 아이들이 책을 사랑하게 될 것을 믿는다. 리딩존에 빠졌던 아이가 책의 마지막 장을 덮는 순간 숙제를 걱정해야 한다면 과연 그 즐거움을 오래 간직할 수 있을까? 이는 독서의 목적에도 전혀 도움이 되지 않는다. 책에 대해서라면 독서 수업 시간에 아이들과 충분히 이야기를 나누기 때문에 굳이 숙제를 내주어 책을 이해했는지, 좋아하는지 싫어하는지 확인할 필요가 없는 것이다.

세상에서 가장 쉬운 분류법 : 홀리데이 · 챌린지 · 저스트라잇

우리가 어떤 책이 아이에게 맞는지 맞지 않는지 확인하는 방법은, 뉴햄프셔 주 한젠에 사는 2학년 영어 교사 레슬리 펑크하우저가 고안해 낸 방법이다(1987년). 아이들이 책을 고를 때는 자기 수준에 맞는 책과 아직은 맞지 않는 책을 구별할 수 있어야 한다. 그래서 우리는 책의 난이도를 3단계로 나누고 색다른 이름을 붙였다. 아이들은 그 의미를 이해하며 우리가 붙인 이름을 보통명사처럼 사용한다.

'홀리데이 Holiday' 는 쉬운 책이다. '챌린지 challenge' 는 부모나 교사의 지도가 필요한 책이다. '저스트라잇Just Right' 은 아이의 현재 읽기 능력에 딱 맞는 책이다. 어떤 책이 '저스트라잇' 에 해당하는지 쉽게 알아내는 방법으로는 재닛 벳치의 '엄지손가락의 법칙'(1968년)이 있다.

우선 읽고자 하는 책의 중간 부분을 펼친 후 조용히 읽는다. 모르는 단어가 나오면 그 자리에 손가락을 갖다 댄다. 새끼손가락에서 엄지손가락 순으로 갖다 대는데 엄지손가락까지 모두 갖다 대면 그 책은 너무 어렵다는 뜻이다. 그러면 당분간 그 책은 그 아이에게 '챌린지' 가 된다. 가을에 독서에 관한 가정통신문을 보낼 때면(10장에서 자세히 설명한다) 우리는 부모들에게 이런 우리만의 난이도 분류법에 대해 자세히 설명을 하고 이에 맞춰서 가정에서 꾸준히 독서 지도를 해줄 것을 당부한다.

우리 학교의 독서 교사들은 이 간단한 난이도 분류 시스템을 무척 마음에 들어 한다. 무엇보다 책에 따라 아이를 분류하는 것이 아니라 아이에 따라 책을 분류하기 때문이다. 독서인으로서 우리는 누구나 자신만의 홀리데이와 저스트라잇, 그리고 챌린지를 갖고 있다. 이 분류법은 아이가 특정 시기에 특정 책과 어떤 관계를 맺느냐를 나타낼 뿐이다. 책을 '3학년용', '4학년용' 등으로 분류하지 않음으로써 아이들은 정해진 수준의 책을 읽어야 한다는 부담에서 벗어날 수 있고 독서에 대한 자신감도 잃지 않을 수 있다.

독서가 어려운 공부가 되는 순간 리딩존의 기쁨은 사라진다

우리 학교의 독서 교사들은 읽기를 가르친다. 우리는 우리가 알고 있는 것을 가르치며 아이들이 알고 있는 것과 아직은 알지 못하는 것을 찾아낸다. 그리고 어떻게 하면 그들이 하고자 하는 것, 이해하고자 하는 것을 더 잘 할 수 있는지를 찾아낸다. 독서 수업 시간에는 각자 독서를 시작하기 전에 문학과 책에 대한 정보, 설명, 토론 등의 시간을 짧게 가지면서 독서와 책에 대한 아이들의 이해를 돕는다.

예를 들어, 초등학교 1, 2학년을 맡고 있는 헬렌 코핀과 테드 드밀 선생님의 경우 수업 시간에 모르는 단어의 뜻을 문맥 속에서 유추해 보는 방법을 아이들에게 가르쳐 준다. 즉 단어의 접두사나 음을 살피거나, 작문 수업 시간에 직접 쓴 글을 참고로 추측하거나, 단어의 패턴이나 리듬을 살피거나, 긴 단어를 작게 쪼개는 방법 등을 가르쳐 주는 것이다. 또 문장 전체를 다 읽고 다시 그 단어를 보면 무슨 뜻인지 유추할 수 있고, 문맥에 맞는 대체 단어를 찾아보는 방법도 있다. 그래도 무슨 뜻인지 모를 때는 선생님에게 물어보면 된다.

헬렌과 테드 선생님은 독서 수업의 형식과 방식에 대해 몇 차례 릴레이 수업을 하기도 한다. 아이들은 책에 자주 등장하는 단어를 배운다. 또 친구들의 이름을 읽는 법을 배운다. 또 같은 책을 다시 읽고 싶을 때와 새 책을 읽어야 할 때의 차이에 대해 이야기를 나눈다. 독서를 중단하고 쉬어야 할 때, 책의 내용을 소화하고 음미해야 할 때는 언제인지, 그리고 자신의 독서 이력을 꾸준히 기록해 두는 방법과 그 이유는 무엇인지에 대해 토론한다. 그림책을 보며 즐기는 책 산책의 즐거움, 책표지의 카피를 통해 알 수 있는 것, 장제목을 통해 책을 판별하는 법, 차례 · 찾아보기 · 용어 풀이 · 도표 등에서 필요한 부분을 찾아내는 법, 줄거리 · 등장인물 · 구성 · 갈등 · 클라이맥스 · 결말 등을 이해하는 법 등을 배운다.

아이들은 또한 소리 내어 읽기와 토론 등을 통해 작가와 삽화가에 대한 지식을 쌓는다. 이렇게 초등학부 교사들은 한 해 수백 권의 동화와 이야기책을 소리 내어 읽어 준다. 또 수백 개의 시와 노래, 찬트chant : 단조로운 가사와 멜로디가 반복되는 동요, 오늘의 교훈 등을 차트에 큰 글자로 쓰거나 프로젝터로 쏘아 아이들에게 읽히고 암송하

게 한다.

헬렌과 테드 선생님이 독서 교사로서 하는 일은 이것이 전부가 아니다. 이들은 직접 아이들에게 읽어 줄 이야기책을 쓰기도 한다. 여기서 내가 소개하고 싶은 것은 초보 독서가들에게 독서를 편하게 느끼게 해주는 수업 방식이다. 이들에게는 지식은 물론 즐거움 · 목적의식 · 기술 · 기호 · 소속감까지 동시에 충족시키는 교수법이 필요하다. 이것은 교과서 회사들이 만든 프로그램과는 차원이 다르다. 이런 프로그램은 오히려 독서를 어려운 공부와 동일시하게 하며 아이들에게서 리딩존의 기쁨을 앗아가 버린다.

북토크는 아이들을 비판적인 독서가로 키운다

리딩존의 기쁨을 가르치는 한편, 나는 아이들을 자기주장이 있고 목적과 계획을 가진 비판적인 독서가로 키우기 위해 다양한 노력을 하고 있다. 이 노력의 대부분은 '북토크'를 통해서 이루어진다. 북토크는 형식적인 토론과는 다르다. 한 학급의 모든 학생이 둘러앉아 좋았던 책과 나빴던 책에 대해 편안하게 이야기를 나누는 것이다.

가을 학기에 나는 읽기의 언어심리학적 과정을 가르쳐 준다. 즉 눈과 뇌가 문자를 인식하는 과정을 알려 주고, 책을 잘 읽으려면 어째서 날마다 많은 책을 소리 내지 않고 열심히 읽어야 하는지 그 원리를 가르쳐 준다(스미스, 1997년 ; 위버, 1994년).

그리고 나는 독서 수업의 운영 방식에 대한 아이들의 의견에도 귀를 기울인다. 아이들과 함께 책을 선택하는 기준과 선택하지 않는 기준에 대해 토론을 한다. 독서 기록을 남기는 것과 희망 도서 목록을 작성하는 것, 좋아하는 책과 작가와 장르와 시집과 시인을 찾아내는 것이 어째서 행복한 독서인을 만들며 개인의 문학 인생을 더 풍요롭게 만들 수 있는지에 대해 이야기를 나눈다.

아이들과 나는 독서 교실 문고 이외에 좋은 책을 구할 수 있는 곳에 대해 정보를 나눈다. 또 책에 따라 독서가가 취할 수 있는 여러 자세에 대해서도 가르친다. '심미적 자세'는 체험 소설을 읽을 때의 자세이고, '적극적 자세'는 정보서를 읽을 때의 자세이다. 생각의 프레임에 따라 책에 대한 감상이 완전히 다를 수 있다는 점도 빼놓지 않고 가르친다(로젠블랫, 1980년, 1983년).

아이들과 나는 독서 속도에 대한 기준에 대해서도 고민해 본다. 속도를 내서 읽어야 할 때, 천천히 읽어야 할 때, 페이지를 건너뛰어야 할 때, 혹은 앞 페이지를 미리 보아야 할 때는 언제일까? 소설이나 시를 다시 읽고 싶은 이유는 무엇일까? 지금 읽고 있는 책은 어떤 장르의 책인가? 이 책의 10장에 우리가 좋아하는 장르를 요약해 두었다.

내가 주로 가르치는 아이들이 중학생이기 때문에 나는 그들에게 가장 맞는 작가와 시인, 책과 문체와 주제 등에 대해 가르친다. 시의 형식과 음율, 화법, 함축적 표현 등에 대해 가르치며 비유법

등의 시적 기교에 대해서도 가르친다(앳웰, 2006년). 인물 설정, 갈등, 줄거리, 속도, 허구성, 문체, 도입부와 결말부, 클라이맥스, 분위기, 주제, 결말 등 문학 소설의 구성 요소에 대해서도 설명해 준다.

나는 또한 콩트와 단편, 중편과 장편의 차이점도 설명해 준다. 단편 소설의 구성에 대해 이해시키고, 수필 · 자서전 · 패러디 등의 장르가 어떻게 가능한지도 설명해 준다. 또 속편 · 3부작 · 시리즈의 뜻은 무엇인지, 각종 문학상과 추천의 말을 어떻게 받아들여야 할지에 대해서도 이야기해 준다. 책이 출판되는 과정에 대한 정보도 가볍기는 하지만 아이들에게는 흥미진진하다. 나는 저자의 인세와 인쇄, 저작권, 표지 카피, 그리고 하드커버에서 페이퍼백으로 진행되는 과정에 대해 알려 준다.

마지막으로 나는 중학생들에게 유용한 출판 정보 자료를 소개해 준다. 《북리스트》와 《뉴욕타임즈 북리뷰》, 아마존Amazon.com · 살롱salon.com 등의 여러 웹사이트가 있고, 《세계문학걸작선 요약선집Masterpieces of World Literature in Digest Form》과 《비네이의 독서백과사전Benet's Reader's Encyclopedia》 같은 책도 있다.

책 속의 등장인물과 이야기는 미숙한 독서가를 리딩존으로 이끄는 힘이 있다

우리 학교 교사의 목표는 어린 독서가들에게 유용한 정보를 제공하는 것이다. 학교와 가정에서의 정기적인 독서 시간과 함께 우리 학교 아이들은 대부분 능숙하고 열정적이며 습관적이고 비판적인 독서가로 성장한다. 하지만 아무리 정성을 다해 열심히 가르쳐도 뒤처지는 아이들이 있기 마련이다. 우리는 이런 아이들에게 조금 다른 방식으로 접근한다.

독서를 힘들어 하는 아이들은 대개 책과의 경험이 빈약하다. 지능은 정상이지만 가정환경이 다양하고 책을 직접 선택하여 읽으며 좋아했던 경험은 거의 없다고 볼 수 있다. 이들의 읽기능력표준고사 결과는 나이보다도 1~3학년 낮은 수준으로 나타난다.

이런 아이들에게는 무엇보다 자신의 수준에 맞는 재미있는 책과 그것을 읽을 시간을 함께 마련해주어야 한다. 이들에게는 독서의 쾌감을 맛보게 해야 한다. 담당 교사는 아이에게 맞을 것이라 확신할 만한 책이 나타나기 전까지 방심해서는 안 된다. 대개 그 책은 대담한 줄거리에 강한 캐릭터가 있는 소설인 경우가 많다. 오직 규칙적이고 지속적이며 풍부한 독서만이 이 아이들에게 나이에 맞는 읽기 능력을 찾아줄 수 있다.

매년 9월이면 나는 한두 명의 미숙한 독서가를 드디어 리딩존으로 안내했다는 성취감과 만족감을 동시에 누린다. 그것은 항상 책 속의 등장인물과 이야기의 힘이었다. 결국 이 아이들에게 책을 좋아하는 독서인의 정체성을 깨닫게 해준 것은 책 그 자체였다.

소수이기는 하지만 읽기 능력이 부족한 아이들 중에는 지능 검사 결과가 기준 이하인 경우가 있다. 하지만 그렇다고 학습 장애가 있는 것은 아니다. 이 아이들도 같은 학년의 친구들처럼 책을 잘 읽어서 리딩존에 들어가고 싶어한다. 그래서 나는 교실 문고에 이 아이들을 위한 추천 도서도 마련했다. 소재와 주제의 미묘함을 설명하지 못하거나, 추상적 묘사와 아이러니의 재미를 모르거나, 은유나 화법에 매료되지 못하는 아이, 하지만 그래도 리딩존을 경험하고 싶어하는 아이들을 위해 우리는 별도의 노력을 기울인다.

독서 경험이 부족한 아이와 독서를 힘들어 하는 아이. 이 두 부류의 아이들에게는 올카 사운딩스Orca Soundings : 청소년물 전문 출판사로 학년에 비해 읽기 능력이 부족한 아이들을 위한 짧고 경쾌한 생활소설류를 출판한다_역주에서 나온 책들이 좋은 효과가 있었다. 또 줄거리와 캐릭터가 강력한 아멜리아 앳워터 로즈, 프랜세스카 리아 블록, 멕 캐봇, 캐롤린 B. 쿠니, 고든 코먼, 월터 딘 마이어스, 개리 폴슨, 루이스 사차, 소냐 손스, 벤델리언 반 드라아넨 등의 작품이 아이들을 리딩존으로 안내하는 데 큰 역할을 했다.

독서 장애를 가진 아이는 소리와 단어를 연결하는 훈련이 필요하다

그 밖에 우리 학교에는 학습 장애를 앓는 아이들도 있다. 이 아이들은 문자를 이해하는 데 상당한 어려움이 있다. 지능은 평균부터 그 이상까지 아무 문제가 없지만, 단지 난독증과 같은 인지력 장애 때문에 독서인으로서의 활동에 제약을 받는 것이다. 뇌신경의 차이로 인해 다른 독서가들이 당연히 갖고 있는 신호 체계에 접근하지 못하는 것이다.

하지만 다행히 이들도 단어영상화sight vocabulary : 단어를 하나의 영상처럼 자주 노출하여 문자가 아니라 영상으로서 받아들이게 하는 문자 인식 훈련법__역주 훈련을 통해서 결국에는 유창하게 읽고 이해하며 즐길 줄 알게 된다. 학습 장애 아동에게 독서를 가르치는 핵심은 청각 정보와 시각 정보를 연결하여 이해시키는 것이다. 특히 이 훈련은 적어도 초등학교 고학년이 되기 이전에 이루어져야 한다.

이 일을 위해서는 여러 자원봉사자와 부모, 그리고 상급반 학생들의 도움이 필요하다. 이들은 매일 학습 장애가 있는 아이를 한 사람씩 맡아 곁에 앉아서 큰 소리로 아이가 고른 책을 읽어주어야 한다. 소리 내어 읽어 주어야 아이가 소리와 단어를 맞춰가며 암기할 수 있기 때문이다.

그 다음은 아이가 좋아하는 책의 오디오북을 구입하기 시작한다. 이를 위해 우리는 학교 안에 '오디오북센터'를 만들어서 여러 종의 오디오북과 함께 카세트와 헤드폰을 여러 세트 놓아두었다. 이렇게 해서 학습 장애 아동에게 혼자서도 책을 읽도록 장려할 수 있었다.

하지만 비싼 오디오북 구입은 학교 재정만으로 감당하기 힘들다. 무엇보다 오디오북은 읽는 것이라기보다 활동에 가깝다. 또 오디오북의 내레이션은 매력적이기는 하지만 속도가 너무 빠르고 뉘앙스도 독특해서 단어영상화 훈련을 막 시작한 아이에게는 소리와 단어를 연결하여 이해하는 데 다소 무리가 있다.

말하는 책 프로그램 : 난독증을 앓는 아이를 위한 하늘의 선물

그 다음 단계로, 난독증을 앓는 아이의 부모는 국립도서관서비스NLS : National Library Service의 시각 · 신체장애과에 가입 신청을 해야 한다. 이곳의 '말하는 책 프로그램'에 가입하면 수천 개의 오디오북 카세트와 오디오북 CD를 대여할 수 있기 때문이다. 게다가 이곳의 오디오북은 일반 속도보다 더 느리게 녹음되어 있다. 또 헤드폰과 특별 제작된 CD 플레이어나 카세트도 대여할 수 있다. 우리는 이것을 '독서기계'라고 부른다. 이 모든 것이 공짜이다. 오디오북과 장비는 모두 지역 도서관의 협조에 의해 요금 후납으로 보내고 받는다.

'말하는 책 프로그램'은 학습 장애 아동에게 하늘이 주신 선물임이 분명하다. 우리 학교의 3, 4학년 영어 담당 교사인 질 코타는 독서기계의 속도 조절 기능이야말로 최고라고 말한다. 아이가 눈이 따라가는 속도에 맞춰 스스로 오디오북의 속도를 늦출 수 있기 때문이다.

또 이곳에 소장된 오디오북은 내레이터가 억양의 변화나 내용 설명, 목소리 크기 등의 변화를 최대한 삼가고 처음부터 끝까지

일정한 톤을 유지한다. 등장인물에 따라 억양을 바꾼다거나 목소리 높이를 달리하는 등의 기교가 전혀 없는 것이다. 음향 효과나 배경 음악도 없어서 소리와 글자에 집중하며 책을 읽어야 하는 아이에게 아주 적합하다고 질 선생님은 말한다.

이처럼 '말하는 책 프로그램'은 청각과 시각 정보를 연결하여 어린 독서가들을 리딩존으로 이끌어 준다. 단어영상화 훈련이 숙달되면 대부분의 아이가 독서 장애를 극복할 수 있게 된다.

이 프로그램에 가입하려면 반드시 책을 읽기 어려운 심각한 신체적 혹은 시각적 장애가 있다는 의사의 확인을 받아야 한다. 이와 관련 없는 독서 장애 즉 집중력 부족, 성격 문제, 이민으로 인한 언어 능력 부족 등으로 인한 독서 장애는 해당되지 않는다. 장애 아동의 부모가 이 프로그램에 가입 신청을 하면 의사가 신청 서류에 사인을 한다. 가입이 승인되면 반드시 해당 아동만이 오디오북과 독서기계를 사용할 수 있다. 가입 자격만 충족한다면 이 과정은 아주 간단하고 빠르게 진행된다.

국립도서관서비스는 웹사이트 http://www.loc.gov/nls/ 를 통해 대여가 가능한 오디오북 목록을 발표한다. 여기에는 교과서나 참고서는 없고 오직 재미있는 소설과 비소설만 있다. 질 선생님은 먼저 독서 장애 아동에게 독서 교실 문고에서 원하는 책을 고르게 하고 웹사이트를 통해 같은 책의 오디오북이 있는지 확인한다. 대체로 세 권 중 한 권꼴로 같은 책을 찾을 수 있다고 한다. 일단 신청을

하면 보통 다음날 배달이 된다.

이렇게 해서 독서 장애 아동이 5, 6학년이 되면 크고 투박한 독서기계는 글렌 파워스 선생님의 표현처럼 '고물'이 되어 버린다. 자의식이 강한 열한 살 아이에게는 커다란 카세트보다는 작은 크기의 테이프리코더가 잘 어울리기 때문이다. 그리고 책도 국립도서관서비스를 통하는 것보다는 글렌 선생님이 직접 지역 도서관에서 시중에 나와 있는 일반 오디오북을 대여해 오는 것이 낫다.

학습 장애 아동이 책을 직접 고르는 과정은 다른 학생들과 다르지 않다. 이 아이들도 북토크를 통해 선생님과 친구들의 의견을 듣고 읽고 싶은 책을 직접 고른다. 또 그 책을 잘 고른 것인지 질과 글렌 선생님에게 상의하는 것도 똑같다. 과연 이 책이 '저스트 라잇'일까? 줄거리와 주제를 이해할 수 있을까? 글자 공부와 단어영상화 훈련에 도움이 될까? 재미를 위해 읽을 것인가, 아니면 난독증 치료를 위한 훈련용 책으로 읽을 것인가?

학습 장애 아동의 책읽기에서 질과 글렌 선생님이 가장 관심을 기울이는 것은 너무 어려운 책을 선택하지 않도록 유도하는 것이다. 이 아이들은 같은 또래 아이들처럼 읽을 수 없다. 그런데도 이따금 이들은 '챌린지 플러스'에 해당하는 책을 골라서 다른 아이들에게 깊은 인상을 심으려고 하거나 무언가를 증명하려고 애를 쓴다. 질과 글렌 선생님은 이 아이들에게 무엇이 필요한지 솔직하게 털어놓는 게 좋다는 것을 깨달았다. 이렇게 하여 쉬운 책을 고르도록 유도하고, 동시에 책을 사랑하는 독서인으로서 자신의 취향과 기호를 알아가도록 도와준다.

독서장애아 새뮤얼, 혼자 힘으로 38권의 책을 읽다

우리 학교에서는 지금까지 독서 교육을 해오면서 어떤 과학적 돌파구를 시도한 적이 없었다. 대신 우리는 아이 개개인의 눈높이에 맞춰서 그 아이들이 무엇을 할 수 있고 무엇을 할 수 없는지를 꼼꼼히 살폈다. 그 다음은 그 각각의 아이들이 좀더 편하게 책을 읽을 수 있는 방법을 찾아냈다. 이렇게 하여 다른 아이들뿐만 아니라 가장 많은 도움이 필요했던 학습 장애 아동들까지도 바라던 목표치에 마침내 도달할 수 있었다.

어느 해 나는 독서 장애 아동인 새뮤얼을 위해 열린 학생최종평가회의에 참석한 적이 있었다. 때는 6월이었고 회의의 주제는 곧 고등학교에 진학할 새뮤얼이 이듬해에도 특수 아동으로 분류되어야 하는지를 결정하는 것이었다.

새뮤얼의 부모님과 나는 더 이상 그럴 필요가 없다고 주장했다. 7, 8학년 동안 새뮤얼은 혼자 힘으로 38권의 책을 읽었다. 그렇게 되기까지 누군가가 책을 읽어 주거나 오디오북의 도움을 오랫동안 받아야 했다. 하지만 이제 그는 캐릭터와 줄거리의 힘만으로 스스로 리딩존에 빠질 수 있었다. 단어영상화 훈련을 거듭한 결과

이제 다른 아이들과 같은 수준으로 책을 읽을 수 있게 되었다.

하지만 교육 당국에서 보낸 특수아동심사관은 새뮤얼이 아직도 심각한 장애아라고 주장했다. 이에 대한 증거 자료로 심사관은 최근 새뮤얼이 받은 읽기 능력 심사 결과를 제시했다. 새뮤얼이 아직 수많은 형태소形態素: 뜻을 가진 가장 작은 말의 단위_역주를 제대로 읽어내지 못한다는 것이었다.

읽기 능력을 평가하는 기준이 뜻도 없는 음절 하나하나까지 정확히 읽어내는 것이라면, 이는 새뮤얼은 절대로 독서인이 될 수 없다는 뜻이다. 하지만 새뮤얼은 무엇이든 재미있는 책을 쥐어 주면 다 읽어낼 수 있었다. 몇 년 동안의 읽기 훈련을 통해 이 아이는 엄청난 영어 구문과 어휘 실력을 쌓았다. 단어의 모양과 길이를 수없이 암기했고 책에 대한 관심도 커졌기에 새뮤얼은 독서 장애를 극복하고 독서인이 될 수 있었다. 결국 그는 특수 학생으로 분류되지 않고 일반 학생으로 고등학교에 진학할 수 있었다. 지금까지 그는 매 학기마다 우수상을 받고 있다.

읽기 능력은 언어에서 언어로 이어진다

이 외에도 독서에 곤란을 겪는 아이들이 있다. 바로 이민 가정의 아이들이다. 하지만 내가 사는 곳이 농촌 지역인 관계로 나에게는 이런 아이들에 대한 경험이 거의 없다. 이곳 메인 주에는 이민 가정이 극소수인데다 이 아이들은 모두 이민 2세대로 이곳에서 나고 자랐기 때문에 영어 습득에 큰 곤란이 없다.

하지만 미국 전체를 볼 때 현재 학생 다섯 명당 한 명이 이민자이거나 이민자의 자녀이다(수아레즈-오로즈코 & 수아레즈-오로즈코, 2001년). 소수 인종 학생들의 읽기 능력 발달에 대한 가장 실용적이고 신빙성 있는 연구는, 스티븐 크라센 팀이 실시한 2006년의 연구이다. 이 연구에서 크라센 팀은 두 가지 중요한 현상을 제시한다.

첫째, 영어를 잘 읽기 위해서는 우선 모국어부터 잘 읽는 법을 배워야 한다는 것이다. 크라센은 "모국어로 이미 읽은 글을 다시 영어로 읽어 이해하는 데는 큰 노력이 필요하지 않다"고 말한다. 그는 또 한 가지 중요한 사실을 지적한다. "일단 읽을 줄 알게 되면 무엇이든 읽을 줄 알게 된다. 읽기 능력은 언어에서 언어로 이어진다."

2개 국어 병용 수업이 여러 지역에서 반발을 사고 있지만, 읽기를 가르치는 문제에서는 쉬운 것을 먼저 가르치는 것이 옳다. 다시 말해서 모국어로 먼저 독서인을 만든 후, 그 경험과 지식을 온전히 살려 새로운 언어의 독서로 이어가게 하는 것이다.

이에 덧붙여서 크라센 팀의 연구는 일단 학생들이 모국어로 읽는 법을 터득한 후에 영어를 구사하기 시작하면, 독서 수업의 역할이 지대해진다고 한다. 즉 영어로 된 글을 자유롭게 읽게 하는 것이 "영어 능력 습득은 물론 학업 발달의 지름길"이라는 것이다. 이는 한 마디로 소수 이민 가정 아이들에게도 다른 아이들과 마찬가지로 많은 좋은 책과 그 책을 읽을 시간을 마련해 주는 것이 독서인을 만드는 핵심이라는 것이다. 단순히 독서인으로서뿐만 아니라 그들이 정착한 새로운 나라의 시민으로서 지식과 정보와 권리를 갖춘 공동체의 당당한 일원이 되는 것이다.

제임스 볼드윈은 책에 대해 이런 말을 했다. "사람들은 자신의 고통과 슬픔이 역사에 유래가 없는 자신만의 것이라고 생각한다. 하지만 책을 읽어 보면 생각이 달라진다. 자신이 느낀 격한 감정들이 결국에는 세상과 나를 이어주는 것이었음을 깨닫게 되기 때문이다. 우리가 겪는 모든 감정은 지금의 살아 있는 사람들은 물론 이미 죽어 버린 과거의 사람들이 겪었던 감정이기 때문이다."

훌륭한 선생님은 어려운 것도 쉽게 가르쳐 주는 저스트라잇이다

오로지 아이들에게 리딩존의 문을 활짝 열어 둔 교사만이 국적과 인종을 불문하고 모든 아이는 인간의 보편성을 갖고 있다는 점을 이해한다. 오로지 책을 통해서만 아이들은 다른 사람과 다른 생각과 다른 사건과 다른 감정 등을 경험할 수 있다. 독서 능력이 뛰어난 아이이든 떨어지는 아이이든 모든 아이는 타인의 삶의 기쁨과 슬픔에 대해 알고 싶어 하며, 우리를 하나로 만드는 공통의 꿈과 이야기의 힘을 경험하고 싫어한다. 우리는 어느 곳의 어떤 아이이든 리딩존에 들어갈 수 있도록 최선을 다해 도와야 한다.

교사들은 이런 사실을 잘 알고 있다. 하지만 자꾸만 새로운 교육 흐름에 마음이 흔들리고, 때때로 책을 읽는 것보다 시험을 치르고 숙제를 내주는 것이 더 효과적이라는 생각에 빠진다. 또는 교육 당국에 의해 어쩔 수 없이 교과 지침대로 진행하여 아이들의 시간을 낭비하고 책에 대한 관심을 앗아 버리는 결과를 낳게 된다.

그래서 정년 보장 제도인 '테뉴어 tenure'가 고안된 것이다. 테뉴어는 마치 교직원의 고용 안정을 위해 만들어진 제도로 잘못 알려져 있지만, 실제로는 훌륭한 교사들의 생각과 결단을 보호하기 위해서 만들어진 제도이다.

테뉴어로 지정된 독서 교사는 지역의 교육 당국이 잘못된 지침을 내릴 때는 얼마든지 이에 반대할 권리가 있다. 이들은 교육 당국이 내린 지침을 얼마든지 축소 실행할 수 있다. 이들은 또한 이런 프로그램을 실행에 옮기는 대신 조용히 교실 문을 닫고 아이들을 풍요로운 독서의 세계, 독서의 천국으로 이끌 권리가 있다.

내가 알고 있는 훌륭한 교사들은 학년과 과목을 불문하고 현재 모두 교직에 남아 있다. 이들은 아이들에게 영향을 주고, 그들을 변화시키며, 사려 깊고 생산적인 어른으로 키워내는 것을 자신들의 소명으로 여기기 때문이다. 어떤 사람도 자라서 어린 시절 엄청난 읽기 숙제를 내주고 잘못된 답을 모두 고쳐 주며 교과 지침에 맞춰 따분하게 가르쳤던 선생님을 기억하고 고마워하지 않는다.

대신 우리는 자유로운 정신을 가진 선생님을 기억한다. 우리를 넓고 풍요로운 책의 세계로 이끈 선생님을 기억한다. 그들이 우리의 평생의 삶에 소중한 것을 찾도록 길을 열어 주었기 때문이다. 우리가 감사함으로 기억하는 선생님은 '홀리데이(너무 쉽게 가르쳤던 선생님)'가 아니다. '챌린지(너무 어렵게 가르쳤던 선생님)'도 아니다. 우리 학교의 유치원생 시인인 릴랜드의 표현처럼 훌륭한 선생님은 어려운 것도 쉽게 가르쳐 준다. 이들은 '저스트라잇'인 것이다.

헬렌 선생님은 나의 저스트라잇

릴랜드 지음

헬렌 선생님이 나를 도와주신다
선생님이 나를 안아 주면 기분이 좋다
헬렌 선생님이 나를 안아 주면
나는 베개를 베고 혼자서
편안한 방에 있는 기분이다

헬렌 선생님의 도움이 없었다면
나는 나의 저스트라잇을 읽을 수 없었겠지
책장에서 책들이 우루루 떨어졌을 테고
나는 어떤 책이 나의 저스트라잇인지 몰랐을 테지
책을 나 혼자 골라야 했다면 얼마나 힘들었을까
서둘러 골라야 했을 거고
책읽기는 그걸로 끝장이었겠지
나의 저스트라잇을 못 찾았을 거야

헬렌 선생님이 나를 도와주니 정말 다행이야
헬렌 선생님은 나의 저스트라잇

읽기와 **이해**는 동시에 자동적으로 일어난다

Comprehension

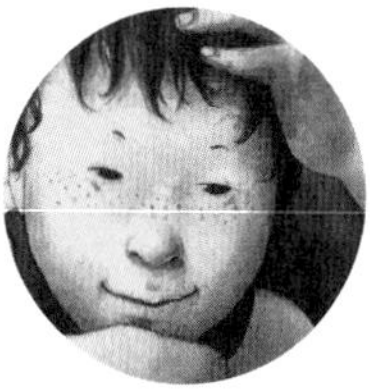

이번 장을 시작하기 전에 먼저 밝혀 둘 것이 있다. 나는 독서의 방법론과 그 실천 방법을 잘 알고 있는 베테랑 교사가 아니라 그저 잘 가르치려고 노력하는 교사라는 점이다. 어쨌든 나의 경험에 기대어 이야기하겠다.

공부 기술과 독서 기술은 다르다

나의 경험에서 여러분은 적어도 두 가지 교훈을 발견할 것이다. 하나는 독서 교사들이 막 포장되어 배달된 따끈따끈한 방법론에 너무나 쉽게 현혹된다는 것이고, 다른 하나는 이해력에서 교사의 올바른 사고가 너무도 중요하다는 것이다.

역사나 과학 교과서를 읽고 정보와 개념을 습득하는 공부 기술

은 독서 기술과는 엄연히 다르다. 독서 교사들은 이 둘을 구별할 줄 알아야 한다. 그래야 이야기의 이해 처리 과정을 방해하여 오히려 아이들을 리딩존의 기쁨으로부터 멀어지게 하는 잘못된 독서 방법론에 빠지는 일을 피할 수 있기 때문이다.

1990년대 교육학자들이 '이해 전략comprehension strategy'을 발표했을 때 나는 망설임 없이 이 방법론에 편승했다(피어슨, 1985년; 피어슨, 로엘러, 도일 & 더피, 1992년). 거의 쌍수를 들고 환호했다고 해도 과언이 아니다. 다음은 뛰어난 독서가들이 독서를 할 때 두뇌 속에서 무의식적으로 일어난다는 '7단계 인지 과정'이다.

01 기존의 선지식을 활성화한다. 독서 전과 독서 중, 독서 후에 걸쳐 계속해서 시각적 · 청각적 · 촉각적 관계 경험(일명 '개념 도식schemas'이라고도 한다)을 되살린다.

⬇

02 가장 중요한 소재와 주제가 무엇인지 찾아낸다.

⬇

03 질문을 한다.

⬇

04 추론하고 결론을 낸다.

⬇

05 이해 과정을 검토한다.

↓

06	재해석하고 종합한다.

↓

07	이해되지 않을 때는 수정 전략을 사용하여 바로잡는다.

이 7단계 인지 과정을 기초로 독서 방법을 고안해 낸 교육학자들은, 아이들에게 이것만 정확히 훈련시키면 누구나 문제없이 글을 이해할 수 있고, 누구나 훌륭한 독서가가 될 수 있을 것이라고 주장한다.

나는 흥미를 느꼈다. 솔직히 말해서 안도감을 느꼈다. 이미 아이들과의 경험을 통해 양과 질이 풍부한 독서의 힘이 얼마나 위대한지 충분히 알고 확신하고 있었음에도 불구하고, 나는 여전히 독서 수업에 일말의 의심을 버리지 못하고 있었다. 특히 내 역할에 대한 의심이 컸다.

나는 이미 오래 전부터 지정 도서 선정과 독서 시험, 독후감 등의 전형적인 독서 지도 방식을 거부해 왔다. 하지만 그래도 독서 수업 안에서의 나의 역할에 대해서만큼은 여전히 만족할 만한 답을 찾지 못하고 있었다. 그런 상황에서 이 일곱 가지 전략을 알게 되자 곧바로 매료되고 말았다. 이제부터는 이를 가르치는 게 내 역할인 것이다!

이것은 새로운 법칙이었고, 과학에 기초한 초인지적 이론의 탄생이었다. 연구 논문을 직접 읽지는 못했지만, 나는 신문이나 책에 소개된 이와 관련된 모든 글을 닥치는 대로 읽었다. 이 연구가 불과 수십 명의 아이들을 대상으로 단기간에 진행되었고, 연구 방식에도 몇 가지 문제가 있었다는 사실을 나는 한참 후에야 알게 되었다.

이 연구가 실질적으로 증명한 것이라곤 공부 기술을 가르치고 훈련시키면, 그리고 시험에 출제될 글을 더 많이 읽히면, 일부 아이들은 문장이해력 시험에서 약간 더 높은 점수를 받을 수도 있다는 것뿐이었다. 교육학자 로널드 카버는 위 연구를 분석하던 중 실험 설계 자체에 심각한 오류가 있다는 것을 발견했고, 연구진의 자료 해석에도 문제가 있다는 사실을 알게 되었다. 그는 나와 비슷한 결론을 내리게 되었다.

최근에 이해의 기술 혹은 전략을 입증한다는 여러 연구 결과가 나왔다. 검토해 본 결과, 이 자료에 대해서는 두 가지 문장으로 정리할 수 있을 것 같다. 하나는 읽으면서 동시에 이해할 수 없는 글을 만났을 때 학생들에게 몇 가지 공부 기술을 가르쳐 주면 이해력이 향상된다는 것이다. 다른 하나는 주제를 찾아내는 것과 같은 이해력 문제가 주어졌을 때 몇 가지 지침만 가르쳐 주면 학생들이 답을 쉽게 찾아낼 수 있다는 것이다. 그렇다고 이 훈련이 진정한 이해력을 길러 주는 것은 아니다.

그러므로 교육자들이 학생들의 문장이해력 향상에 진심으로 관심이 있다면, 읽기능력표준고사 결과나 독서목록평가와 마찬가지로, 이 연구 역시 화려한 미사여구와는 달리 별 효과가 없다는 사실을 인식해야 한다(1987년, 124페이지).

이해 전략에 반기를 든 아이들

하지만 카버 박사와 달리 나는 이런 결론에 이르기까지 긴 시간이 걸렸다. 과학적 연구에 기인한 방법론이라는 점에서 나는 흥분을 했고, 아이들에게 이 일곱 가지 전략을 기꺼이 가르칠 준비가 되어 있었다. 이 새로운 커리큘럼을 들고 교실에 들어가 당당하게 설명할 생각을 하니 너무나 기뻤다. 아이들에게 독서와 그 이해 과정을 이해시키고 그것을 도식화하여 보여 줄 수 있다니 얼마나 통쾌한가.

나는 이 이해 전략을 세 가지 결합 방식으로 설명할 생각이었다. 하나는 '글과 나의 결합', 또 하나는 '글과 글의 결합', 마지막 하나는 '글과 세상의 결합'이었다.

실질적으로 이는 교사가 아이들을 위해 읽기의 훈련 도식을 만들어 주는 것을 의미했다. 먼저 교사가 책을 선정하고 진도를 계획하며 내용의 이해 과정을 도식화한 다음, 아이들에게 글을 읽어주고 미리 만들어 둔 도식을 설명하여 아이들이 이를 따라할 수 있도록 하는 것이었다.

이렇게 하면 아이들은 책 읽는 중간 중간 생각을 하여 자신이 어떤 훈련 도식을 따라했는지, 그것을 찾아내야 한다. 아이들은 그것을 찾아낼 것이고, 포스트잇에 메모를 하여 찾아낸 페이지에 붙일 것이다. 아예 게시판에 아이들이 몇 페이지를 읽을 때 어떤 훈련 도식을 대입했는지 기록해 나갈 수도 있다. 벤 다이어그램으로 전략과 전략 사이의 관계를 증명해 낼 수도 있다.

아이에 따라서 몇 가지 전략을 함께 쓰기보다 한 가지 전략, 예를 들어 질문을 하는 전략만 집중적으로 훈련할 수도 있을 것이다. 혹은 책에서 읽은 이미지를 시각화하는 훈련을 할 수도 있을 것이다. 일곱 가지 전략 중 어느 하나를 제대로 실행하지 못하는 경우 읽기 전략 스터디 그룹에 보내서 관계 경험 불러오기라든가, 이미지 시각화라든가, 추론 등의 기술을 집중적으로 훈련하게 할 수도 있을 것이다.

나는 여기에 완전히 빠졌다. 아이들에게 이 연구에 대해 설명하고 도식 이론을 가르쳐 주었다. 강의 준비를 하고, 리허설도 하며, 로버트 코미에의 단편 소설을 바탕으로 이 이론의 응용 모델도 만들어 두었다. 그러고 난 뒤 아이들에게 포스트잇을 나눠 주고 각자 기존에 갖고 있던 이해 방식과 이 이론이 어떻게 연결되는지 찾아서 포스트잇에 표시하여 책에 붙이게 했다.

나의 학생들은 착한 아이들이었다. 3주씩이나 이런 요구를 따라주었으니 말이다. 하지만 곧 반란이 시작되었다. 아이들이 학급

회의를 열더니 이해 전략 수업에 대한 의견을 거침없이 말하기 시작한 것이다.

초인지적 이론은 리딩존을 방해하고 있었다. 포스트잇을 붙이느라 아이들은 리딩존으로 들어갈 수 없었다. 신나게 책을 읽다가도 갑자기 중단을 하고 마치 시험 문제를 푸는 것처럼 고민을 해서 포스트잇을 붙여야 하니 이야기의 흐름도 끊겼다. 책 속에 몰입하여 빠져들어야 할 시간을 그깟 포스트잇을 붙이는 일에 빼앗긴 것이다. 더욱이 독서인으로서 성장해야 할 시간까지 빼앗겼다. 학급회의 시간에 아이들의 말을 들어 보니, 이해 전략이 읽기에 도움이 되었다는 사람은 단 한 명도 없었다.

우리가 《인 콜드 블러드In Cold Blood》를 같이 읽었을 때도 에이사는 캐릭터와 전략 사이에 연결고리를 찾고 싶은 생각이 전혀 없었고, 소설 내용을 시각화하고 싶은 마음도 전혀 들지 않았다고 말했다. 탐은 이 책을 다 읽은 후 예전에 재미있게 읽었던 데이빗 에딩의 판타지 소설을 다시 읽으면서 나를 기쁘게 하기 위해 되도록 포스트잇을 많이 붙였다고 한다. 탐은 이렇게 말했다. "나는 게리언(극중 등장인물)과 같이 살면서 그의 모험을 함께 경험하고 싶었어요. 그런데 선생님은 독서를 중단하고 포스트잇을 붙이라고 하셨지요." 레이첼은 일곱 가지 전략을 다 대입하여 읽는다 해도 내용을 전혀 이해하지 못하는 사람도 있을 것이라고 말했다.

이런, 세상에!

더 심한 이야기가 남아 있다. 일곱 가지 전략을 다 활용하여 책을 읽은 사람은 오히려 그 책을 싫어하게 되고, 저자에게 반감을 가지며, 읽는 내내 괴로운 시간을 보낸다는 것을 뒤늦게 발견한 것이다. 또 이들은 책을 읽는 목적이 책 자체의 내용을 즐기기보다는 오히려 일곱 가지 전략과의 연결고리를 찾아내는 데 있다고 오해하고 있었다.

그 중에서도 최악은, 일곱 가지 전략이 내용 이해에는 도움이 될지 모르겠지만, 이 방법으로는 절대로 리딩존에 들어갈 수 없다는 것이었다. 책의 내용에 빠져들어 직접 캐릭터가 되어서 그의 삶을 경험하고, 꿈꾸고, 웃고, 좋아하고, 이해하고, 모험하고, 사랑에 빠져 보는 일은 절대로 일어날 수 없다는 것이었다.

나는 아이들에게 사과를 하고 포스트잇을 수거했다. 나는 그들을 다시 종전의 리딩존으로 초대했다. 숙제나 시험은 없고 오직 독서와 문학만이 있는 예전의 독서 수업으로 돌아왔다. 그러고 난 뒤 3주 동안 일어난 일들을 정리해보려고 노력했다.

심미적 독서와 정보처리식 독서는 평행을 달린다

이 의문을 풀기 위해 나는 예전에 인상 깊게 보았던 문학이론가 루이즈 로젠블랫의 이론을 다시 찾아보게 되었다. 그녀의 고전 《탐구로서의 문학 Literature as Exploration》(1938년 초판, 1983년 개정판)과, 그녀가 쓴 글 중 내가 가장 좋아하는 〈이 시는 무엇을 가르쳐 주나?〉(1980년)라는 에세이 속에서, 로젠블랫은 독서에는 정보처리식(efferent : '안에서 밖으로 내보내다' 라는 뜻의 라틴어 effere에서 기원했다) 독서와 심미적 독서의 두 가지 모델이 있다고 정의했다. 이것은 연속체 위에 놓여 있는 평행하는 사고의 프레임으로, 독서인이라면 독서의 매 과정에서 의미를 창출하기 위해 당연히 갖고 있는 것이라고 설명했다.

먼저 '정보 처리' 의 프레임으로 접근할 때 우리는 정보를 습득하기 위해 책을 읽는다. 글을 읽으면서 알게 되는 지식을 뽑아내고 그에 집중하는 것이다. 최근 내가 읽은 책 중 정보처리식 독서의 예로 들 수 있는 것은 새러 미드의 리포트 〈소년과 소녀에 관한 진실 The Truth about Boys and Girls〉(2006년)과, 어제 읽은 뉴욕타임스 1면, 최근 가전제품 대여점에서 빌려온 고압세척기의 사용설명서, 그리고 이번에 세 번째로 훑어본 프랭크 스미스의 《문학에 관한 에세이 Essays into Literacy》(1983년)이다. 이것들을 읽을 때 나는 주로 내가 배워서 밖으로 끄집어내어 활용할 수 있는 사실과 정보에만 집중했다. 하지만 꼭 활용으로 이어져야 하는 것은 아니다.

심미적 독서는 정보처리식 독서와 평행을 이룬다. 독서가가 심미적 독서 방식을 취할 때 그는 정서 요인과 인지 요인을 결합하여 책의 내용을 체험화한다. 우리는 독서 자체가 좋아서 책을 읽는다. 누군가의 문학적 삶을 대리 체험하는 그 쾌락과 보람을 위

해 책을 읽는다. 나는 이 심미적 독서가 우리 아이들이 이름붙인 '리딩존'과 비슷한 상태가 아닐까 생각한다.

아이들의 독서에 대해서 로젠블랫이 주목한 것은, 아이들이 심미적으로 읽으려는 책을 교사들은 정보처리식으로 읽으라고 강요한다는 것이다. 즉 이야기 속에서 정보를 찾아서 처리하라고 요구하는 것이다. 로젠블랫은 20세기의 교사들은 아이들에게 문학을 경험하고 사랑하라고 말하기보다 정보를 찾으라고 말한다며 우려를 했다. 즉 주제와 부제, 원인과 결과, 줄거리, 구성, 등장인물의 동기 등을 찾아내는 것을 우선시하는 것이다. 1980년대 로젠블랫의 이론은 아이들의 독서에 대한 나의 바람과 우려를 모두 보여주고 있었다.

이해 전략이야말로 이해를 방해하는 것이다

로젠블랫의 이론은 21세기 독서지도에서도 여전히 의미가 있다. 이해전략적 접근은 아이들이 어떤 글을 어떤 목적으로 읽든지 무조건 정보처리식으로 읽으라고 강요한다. 이는 아이들에게 책을 읽을 때 책 속에 들어가서 그 마법의 여행을 즐기라고 말하기보다 정보를 찾고 그것을 뽑아서 처리해 내는 게 우선이라고 말하는 것이다. 여기서 정보란 어떤 전략 형태를 대입했는지가 될 것이다. 20세기에는 주제와 부제를 찾아내라고 요구했다면, 지금은 선경험과 질문, 결말, 시각화 이미지 등을 찾아내는 것으로 둔갑했을 뿐이다. 어쨌든 아이의 독서 체험을 망치는 것은 마찬가지이다. 결과적으로, 이해 전략을 대입시키는 것이야말로 이해를 방해하는 행위인 것이다.

내 자신의 경험을 보더라도 그렇다. E. L. 코닉스버그의 책 《사일런트 투 더 본 Slient to the Bone》(2000년)을 읽으면서 나는 화자인 코너에 동화되어 완전히 리딩존에 빠져 있었다. 그는 혼수상태에 빠진 아기에 대해 말했고, 이 아기의 학대와 관련된 미스터리가 소설의 핵심이었다.

코너는 이 아기가 7월 4일생이라고 말했다. 이 부분을 읽는 순간 나는 나도 모르게 날마다 내게 아무렇지도 않은 얼굴로 새빨간 거짓말을 하면서 내가 그것을 눈치 채는지 못 채는지 장난을 치던 7학년생 지미에 대한 회상에 잠기게 되었다. 어느 날 그 아이는 내게 자기가 7월 4일생이라고 말했고, 나는 그렇지 않다는 데 1달러를 걸었다. 그런데 학생기록부를 확인해 보니 정말 7월 4일생이 맞는 것이 아닌가. 나는 하는 수 없이 1달러를 건네주어야 했다.

그런데 바로 그 순간 거의 동시에 조지 M. 코핸의 노래 〈양키 두들 보이 The Yankee Doodle Boy〉의 노래 한 소절과 이에 맞춰 탭댄스를 추는 지미의 모습이 머릿속에 떠오르는 것이었다. 그리고 나는 친구이자 라이벌이었던 토마스 제퍼슨과 존 애덤스가 7월 4일 한날에 죽었다는 사실을 연이어 떠올렸다. 제퍼슨이 먼저 사망했지만, 이를 전해 듣지 못한 애덤스는 마지막 유언으로 이런 말을

남겼다. "토마스 제퍼슨은 아직도 살아 있는데…."

결국 나는 이런 바보 같은 연상 작용을 멈추기 위해 머리를 세차게 흔들어야 했다. 모두 다 책에 대한 몰입을 방해하고 있었기 때문이다. 나는 다시 코닉스버그의 글에 빠져 등장인물 크랜웰이 느끼는 혼란과 번민, 수치의 감정 속으로 빠져들었다.

이해 전략 교육법에 익숙한 사람이라면 내가 《사일런트 투 더 본》을 읽기 시작하자마자 내 의지와는 상관없이 세 가지 도식을 활성화했다는 것을 알 수 있을 것이다. 나는 '글과 나'를 연결시켰고, '글과 글'을 연결시켰으며, '글과 세상'을 연결시켰다. 하지만 이것은 코닉스버그의 소설을 간접 체험하고 이해하는 것과는 전혀 상관이 없었다. 이것은 그저 두뇌 작용의 부산물일 뿐이었다. 소설의 이해와는 거리가 멀었다.

더 나쁜 것은, 이런 연결 작용이 나를 리딩존 밖으로 밀어냈다는 것이다. 나는 등장인물의 삶을 체험하지도 못했고 코닉스버그의 아름답고 힘찬 문체를 느끼지도 못했다. 물론 심미적 독서를 할 때 이렇게 마구잡이로 떠오르는 생각들을 나는 충분히 조절할 수 있다. 하지만 일부러 이런 생각을 찾아나설 마음은 없다. 이것은 그저 인간의 두뇌가 설계된 방식일 뿐이다. 일단 리딩존에 들어가면 '글과 나', '글과 글', '글과 세상'의 연결고리는 아무런 의미가 없다. 이런 것들이 내가 내용을 이해하는 신호라고 말할 수 없는 것이다. 오히려 허구의 세상 속에 몰입하는 것을 방해할 따름이다.

적절한 충돌과 부적절한 충돌을 구분하라

사실 독서 중 연상 작용에 대한 보다 유용한 지침은 아이들에게 이런 연상 작용에 어떻게 반응해야 할지를 가르치는 것이다. 나는 아이들에게 묻는다. "책을 읽다가 어떤 기억이나 생각이 충돌하는 바람에 리딩존에서 밀려나온 적이 있니?" 그리고 다음 질문을 계속 한다. "이런 충돌 현상이 일어날 때 어떻게 하니?"

아이들은 이런 충돌 현상에는 '적절한 충돌'이 있고 '부적절한 충돌'이 있다고 한다. 이런 구분은 '글과 나', '글과 글', '글과 세상'의 구분보다 훨씬 유용하다. 집중력이 흐트러졌을 때 이에 어떻게 대응해야 할지 통제력을 주기 때문이다.

적절한 충돌은 글의 스타일 속에서 무언가를 발견했을 때 일어나는 독서 중단 현상이다. 저자의 묘사가 너무 아름답거나 너무 형편없어서, 한 문단이 너무 길어서, 등장인물의 대사가 너무 독특해서, 혹은 단어의 표현이 놀랍거나 표기의 오류가 발견되어서 일어나는 충돌이다. 프랭크 스미스는 이것이 그의 책 《작가처럼 읽어라 Read Like Writers》(1988년)에서 언급한 것처럼 우리가 '작가처럼 읽을 때' 발생하는 현상이라고 한다. 글의 문체에 관심을 기울이고, 그것을 관찰하여 그 속에서 정보를 뽑아내며, 우리 자신의 글을 쓸 때 이 정보를 활용하는 정보처리식 독서의 순간을 즐기는 현상인 것이다.

아이들은 이런 적절한 충돌의 예로 여러 가지를 들었다. 단어의 뜻을 유추하고 그 발음에 대해 생각해 볼 때, 미스터리의 비밀을 혼자서 풀어 볼 때, 앞으로 전개될 줄거리를 예측해 볼 때, 사건의 내용을 잘못 이해하고 있음을 깨달았을 때, 속편이 나올 건지 궁금할 때, 책이 언제 쓰였는지 궁금할 때, 혹은 줄거리와 캐릭터가 아주 비슷한 책이 떠올랐을 때 등이다.

우리는 적절한 충돌이라면 적어도 잠시 생각해 볼 가치가 있다는 결론을 내렸다. '흠, 그렇지!' 혹은 '아하, 그렇구나!' 하고 단 몇 초 동안 생각에 잠겨 볼 수 있는 것이다. 물론 곧바로 다시 리딩존으로 들어갈 수 있다. 하지만 어떤 경우에는 짧은 행동을 취해야 할 때가 있다. 책장을 다시 앞으로 넘겨 저작권 관련 내용을 본다든지, 뒤편의 저자 약력을 본다든지, 문단을 다시 읽어 보는 등의 행동이다.

부적절한 충돌을 설명하기 위해서 나는 앞에 말했던 《사일런트 투 더 본》을 읽으면서 내가 떠올렸던 그 두서없고 비생산적인 연상 작용에 대해 이야기한다. 아이들도 저마다 비슷하게 두서없고 비생산적인 경험들을 이야기해 주었다. 예를 들어 책에서 작가가 피자에 대해 언급하자 갑자기 피자가 먹고 싶어졌다든지, 등장인물의 이름이 리즈Reese라서 똑같은 이름의 땅콩버터가 들어간 초콜릿컵이 떠올랐다든지, '팀 스피릿team spirit' 이라는 단어를 듣자마자 어이없게도 〈틴 스피릿의 향기Smells Like Teen Spirit〉록밴드 너바나가 1991년 발표한 곡_역주가 떠올랐다든지 등이다. 우리는 이런 부적절한 충돌에 대한 최선의 대응책은 파리에 대한 대응책과 똑같다는 데 동의했다. 즉 찰싹 쳐서 쫓아 버리는 것이다. 그래야 가능한 빨리 리딩존으로 돌아갈 수 있기 때문이다.

문제는 이해 전략을 사용하여 '글과 나', '글과 글', '글과 세상' 사이의 연결점을 찾으라고 말하는 것은, 이야기에 몰입하지 말고 빠져나오라고 말하는 것과 똑같다는 것이다. 몰입하면서 동시에 빠져나올 수 있는 사람은 아무도 없다. 프랭크 스미스의 말처럼 "책이 우리를 사로잡을 때면 우리는 일상의 세계를 떠나서 책 속의 세계로 들어간다. 우리는 그 속에 사로잡힌다. 실제 세상과 책 속의 세상을 동시에 경험하는 것을 불가능하다. 이 둘은 항상 서로가 서로를 방해하기 때문이다"(미출간 원고).

책과 사랑에 빠지는 순간
읽기와 이해는 동시에 자동적으로 일어난다

나는 이해 전략의 지지자인 한 친구와 이와 같은 이야기를 나눠보려고 했다. "독서에 몰입하지 말라고 하는데 어떻게 생산적인 독서가 될 수 있겠는가?" 그는 일단 아이들이 이 전략을 습득하고 흡수한다면, 이해 전략은 자동적으로 일어난다는 반론을 폈다. 그는 또한 나

역시 이 일곱 가지 전략을 습득했지만 너무나 오래 전에 일어난 일이라서 그것을 배우고 훈련했다는 사실조차 기억하지 못하는 것이라고 말했다.

그는 내가 리딩존에 쉽게 빠질 수 있는 것도 바로 이 일곱 가지 전략 덕분이라고 말했다. 그리고 아이들은 나처럼 독서 경력이 길지 않기 때문에 내가 무의식적으로 행하는 것을 분명하게 가르쳐 주어야 그들도 나처럼 이야기를 완벽하게 읽고 이해할 수 있다는 말을 덧붙였다. 그는 《생각의 모자이크 Mosaic of Thought》에 나오는 말을 인용했다.

"우리(성인) 자신의 읽기 처리 과정을 돌아봄으로써 우리의 두뇌가 수십 년 동안 잠재의식 속에서 사용해 온 이해 전략을 의식적 차원으로 끌어올릴 필요가 있다"(킨 & 짐머만, 1997년).

그의 논지를 듣고 있자니, 우리가 문법에 대한 고민 없이 말하고 쓸 수 있는 것은 초등학교 때 선생님에게 배운 통어법 교육 덕분이라고 주장하는 문법 교사들이 떠올랐다. 영어 구문에서 동사 앞에 명사가 어떻게 쓰이는지, 동사 뒤에 또 다른 명사나 부사가 어떻게 쓰이는지, 이런 것들을 잘 배워 둔 덕에 우리가 아무런 문제 없이 수천 수만 개의 문장을 끊임없이 말하면서 모든 단어를 올바른 어순으로 구사할 수 있다는 것이다. 단지 그것이 문법 교육 덕분이라는 사실을 까먹었을 뿐이라는 것이다.

정말 놀라운 생각의 비약이 아닌가. 문법 교육이 아이의 말하기와 읽기 능력을 향상시킨다는 연구 결과는 어디에도 없다. 마찬가지로 능숙하고 열정적이며 습관적이고 비판적인 독서가로 자란 어른들이 이런 이해 전략을 독서인이 되는 과정에서 배웠다는 증거는 어디에도 없다. 우리가 책과 사랑에 빠지고 스스로의 힘으로 리딩존에 들어갈 수 있게 된 그 순간부터 우리의 독서와 그 이해 과정은 무의식적이고 자동적이었다. 프랭크 스미스의 표현처럼 "의식의 경계선 아래에서 일어나는 일"(1983년)이었다. 우리는 어떻게 이해해야 할지 고민하지 않는다. 우리는 그냥 이해한다.

이해는 매개체가 필요 없이 바로 일어난다. 이것이 '의미 인식'이다. 내가 셰익스피어의 초기 초상화를 추상화 스타일로 바꾼 포스터를 보고 있다고 하자. 과연 내가 '흠, 이거 어디서 보던 얼굴인데? 내가 알고 있는 정보 중에 이 남자와 비슷한 얼굴의 이미지를 찾아내서 이 추상화의 얼굴과 비교해 봐야겠군. 흠, 그러고 보니 이건 윌리엄 셰익스피어를 현대식으로 그려 놓은 그림이잖아!' 라고 생각할까? 오히려 이런 초인지 검토 과정을 전혀 거치지 않은 채 나는 자동적으로 이렇게 생각할 것이다. '셰익스피어구나. 멋진데!'

아이는 알 수 있는 것만 이해한다

또 무언가를 이해할 수 없을 때는 이해 전략 역시 큰 도움이 되지 않는다. 예를 들어 보자. 한 친구가 최근 보낸 이메일

에 이런 문장이 있었다. "날진스Nalgenes를 잃어버려서 얼른 REI에 다녀온 참이야." 나는 걱정을 했다. 저런, 친구가 날진스를 잃어버렸구나. 기분이 안 좋았겠네. 하지만 이해 전략을 아무리 활성화해도 날진스가 도대체 뭔지 짐작조차 할 수 없었다. 나는 남편에게 날진스가 무언지 아느냐고 물어 보았다. 남편도 몰랐다. 우리가 구굴에 들어가 막 알아보려던 참에 딸아이와 그 친구들이 눈알을 마구 굴리더니 날진스는 오락용품전문점인 REI Recreational Equipment, Inc.에서 파는 멋진 디자인의 물병이라고 설명해 주었다.

한 마디로, 우리는 알 수 있는 것은 이해한다. 잦은 독서, 풍부한 독서의 여러 장점 중 하나는, 우리의 장기 기억 저장소를 다양한 파일로 가득 채워 주고, 다양한 대리체험의 기회를 주며, 글과 세상에 대한 이해력을 향상시켜 준다는 것이다. 많이 읽으면 읽을수록 아는 것도 많아지고, 그럴수록 더 많은 것을 이해할 수 있는 것이다.

하지만 우리는 모르는 것은 이해하지 못한다. 그리고 우리는 그냥 넘겨 버릴 것과 분명하게 이해해야 할 것을 구별한다. 나는 아직도 야구의 타율이 어떻게 계산되는지 모른다. 그래서 레드삭스의 경기 결과를 읽을 때도 기록에 관한 부분은 건너뛰고 읽는다. 하지만 나는 국내 정세에 대해서는 관심이 많다. 그래서 《뉴욕타임스》의 정치면만큼은 매일 챙겨 본다. 어떤 기사는 정확한 이해를 위해 두세 번 읽기도 한다.

나는 또한 문학과 역사 교사인 만큼 이 두 분야에 대해 관심이 많다. 그래서 나는 이들 분야에 대해서라면 아주 깊이 있게 알고 싶다. 그래야 아이들을 자극하면서 그들의 시각을 넓혀 줄 수 있고, 문학과 역사의 세계로 초대할 수 있기 때문이다.

아이가 내용을 이해하지 못한다는 것은 글 자체가 너무 어렵다는 뜻이다

따라서 이해력에 대해 말할 때 진짜 문제는, 아이들이 책을 읽으면서 과연 그 내용을 이해할 수 있는지, 혹은 이해할 마음이 있는지이다. 연구에 의하면 이해가 가능한 책을 읽을 때 독서인은 책 내용의 90퍼센트를 큰 노력 없이 저절로 이해할 수 있다고 한다(카버, 2000년). 즉 아이들이 읽는 내용을 이해하지 못한다면, 그것은 글 자체가 너무 어렵기 때문이라는 뜻이다. 이것은 글의 의미를 이해하기 힘들기 때문이지 결코 이해 전략을 제대로 훈련받지 못해서가 아니다. 우리는 이런 책을 '챌린지'로 분류하고 있다. 챌린지를 읽는 아이들은 교사나 부모의 도움을 받아야 한다.

하지만 자신이 직접 선택한 '저스트라잇'을 읽는 아이들은 그냥 이해한다. 아이들은 낯선 단어를 만날 때면 기존에 배워 둔 통어법 · 어의론 · 음성학 등의 지식을 동원하여 그 의미를 추론한다. 혹은 추론하지 않아도 저절로 아는 경우도 있다. 한 마디로 읽고 싶은 책을 읽을 때면, 그리고 읽기 능력에 합당한 쓰기 실력까

지 갖추게 되면, 읽기와 이해는 동시에 자동적으로 일어나는 일이라고 보아야 한다.

그리고 솔직히 말해서, 우리 학교도 읽기능력표준고사를 보기 전에 아이들이 시험 형식에 익숙해지도록 며칠 동안 시험 준비를 시키고 있지만, 아이들이 읽기 싫어하는 책, 어려워하는 책을 억지로 읽게 하는 것은 어떤 변명으로도 정당화할 수 없다고 생각한다. 이해 전략이 필요한 경우는 책 내용이 따분할 때, 어려울 때, 혹은 실망할 때가 전부이다. 하지만 이 경우도 전략이 해줄 수 있는 역할에는 한계가 있다. 날진스를 이해하지 못했던 내 경우가 좋은 예이다.

독서 중 내용을 이해하지 못할 때 나는 질문을 한다. 다시 읽어보거나, 밑줄을 긋거나, 참고 도서를 찾아보거나 인터넷을 뒤지거나, 메모를 하거나, 다른 누군가와 그 책에 대해서 이야기를 나누기도 한다. 시처럼 함축적인 글이나 셰익스피어 같은 고어체의 글을 제외하고, 내가 이해에 어려움을 느낄 때는 대부분 정보처리식 독서를 할 때이다. 소설이나 자서전과 같은 줄거리 위주의 글이 아니라 역사 · 과학 · 시사 · 교육 등 지식 책을 읽을 때가 어렵게 느껴진다. 따라서 심미적 차원의 독서가 아니라 학과목 수업에서의 지식 습득을 위한 독서라면, 이해 전략을 가르치고 적용하는 것이 아이들에게 적절한 도움을 줄 수 있다고 생각한다.

교과서 수준의 글을 이해하고 쓸 수 있을 때 독서 지도는 의미가 있다

우리 학교에서 나는 읽기와 쓰기 과목 이외에도 7, 8학년 아이들에게 역사와 사회 과목을 가르치고 있다. 우리가 사용하는 기본 교과서는 조이 하킴의 《우리의 역사A History of US》(1993년) 시리즈이다. 이 책을 교과서로 삼은 이유는, 문장이 활기차고 정확하며 설명이 쉽고 정보가 많기 때문이다. 또 인과 관계가 확실하고 5학년 정도의 수준이면 누구나 읽을 수 있다. 하킴의 문장은 쉽고 흥미롭다. 아이들은 적어도 90퍼센트의 어휘를 읽는 즉시 이해한다. 낯선 단어를 사용할 때마다 저자는 단어의 의미를 설명하고 예시 문장도 제시해 준다. 이 책은 어린이 인문사회 분야 교과서의 모델이라 칭할 만하다.

《우리의 역사》 외에도 우리는 여러 대중서와 교과서, 잭도우 출판사에서 나온 여러 책, 신문과 잡지 기사 등을 보조 교재로 읽는다. 이런 글들은 대부분 8학년이나 그 이상의 눈높이에서 쓰였기 때문에 내가 먼저 큰 소리로 읽어 주거나, 아니면 짝을 짓거나 그룹을 나눠서 함께 읽고 토론하면서 요점이나 이론을 찾아내는 등의 훈련이 필요하다.

나는 중학생 이상을 가르치는 인문사회 분야 교사라면 아이들이 교과서 수준의 글을 이해하고 쓸 수 있도록 책임지고 지도해야 한다고 생각한다. 바로 이 경우에만 독서 지도는 의미가 있다.

역사 교사로서 나는 수업 시간에 내가 지정한 책과 기사를 아이

들이 읽고 이해할 수 있도록 가르치는 것이 나의 역할이라고 생각한다. 예를 들어, 나는 하킴의 책 중 한 장을 골라 어떻게 읽는 것이 좋은지 시연을 해준다. 꼼꼼히 읽기 전에 훑어보는 방법도 보여 준다. 제목을 읽고 삽화를 점검하는 방법도 가르쳐 준다. 머릿속에 책 내용과 관련한 지역의 지도를 그리는 법도 보여 준다. 숙제로 자료를 읽어오게 할 때는 내가 먼저 읽고 내용을 종합한 다음, 아이들에게 그 글에서 찾고 이해하고 뽑아내야 할 정보가 무엇인지 가이드라인을 준다.

예를 들어 보자. '추수감사절'과 관련한 3대 미신을 조사해 본다면? 벤자민 프랭클린이 미국의 진정한 영웅인 이유 다섯 가지를 댄다면? 2차 대륙회의 독립혁명 시기에 필라델피아에서 열린 각주 대표자 회의_역주에 참석한 각주 대표 중 가장 좋아하는 사람은? 프랑스 시민을 만났을 때 "고맙다"고 말하고 싶은 이유는? 등이다.

아이들은 지정 도서를 일 년에 걸쳐서 두 번씩 읽는다. 처음에는 전체 내용을 이해하면서 읽고, 두 번째는 연필을 들고 중요한 부분에 표시를 하면서 읽는다. 표시하는 방법과 여백에 필기를 하는 방법도 직접 보여 준다. 여기서도 우리는 역사책을 읽으면서 끊임없이 떠오르는 여러 생각에 대해 이야기한다. 과연 이 생각은 책의 내용과 관련이 있는가, 아니면 아무 관련이 없는가?

나는 아이들에게 실제로 몇 가지 이해 전략을 가르쳐 준다. 역사 수업은 독서 수업과 달리 '정보처리식 독서'를 해야 하기 때문에 질문 던지기, 새로운 지식 종합하기, 핵심 찾아내기 등이 매우 중요하고, 바로 이것이 독서의 목적이자 배움이기 때문이다(하베이 & 구드비스, 2002년, 2002년). 이것이 효과적인 공부 기술이다.

이해 전략의 핵심은 바로 이것이다. 이해 전략의 옹호자들은 흥미진진한 소설책을 읽는 성인이든, AP advanced placement : 고등학교 때 듣는 대학 수준의 교양 강좌. 학점을 미리 취득하는 이점이 있다_역주 물리 교과서를 읽는 고등학생이든, 독서를 잘 하는 사람이라면 어떤 글이든 반드시 이 전략을 사용하여 읽는다고 가정한다(킨 & 짐머만, 1997년).

이처럼 역사나 물리 교과서를 읽을 때라면 이해 전략의 필요성에 대해 나도 충분히 동의하지만, 독서 수업으로 돌아가 소설을 읽을 때라면 우리는 다시 루이즈 로젠블랫의 경고를 귀담아들어야 한다. "독서 기술을 가르치기 위해 심미적으로 읽어야 할 책을 교과서로 삼지 말라"(1980년). 이 말은 이해 방법을 가르치기 위해 책 읽는 즐거움을 망치지 말라는 뜻이다.

이야기와 글과 독서하는 사람, 이 세 가지면 충분하다

나는 이해 전략을 직접 가르쳐 본 내 경험담을 털어놓는 것으로 이 장을 시작했다. 나는 나의 독서 수업에 엄격함과 짜임새가 부족하다고 생각했고, 이해 전략을 가르치는 것으로 이 공백을 메울 수 있을 것이라고 기대했다. 나의 시도는 결국 실패로 끝났다. 아마도 이해 전략과 관련하여 긍정적인

경험을 말해 줄 교사도 많을 것이라고 생각한다. 하지만 나는 이들이 정말로 좋아했던 것은 이해 전략의 효과 그 자체가 아니라, 그나마 이해 전략 수업을 통해 독서 교본이 아니라 책으로 읽기를 가르칠 수 있었다는 그 사실이 아니었을까 생각해 본다.

하지만 교사로서 우리는 아이들에게 책을 읽는 과정과 책에 대한 감상에 대해 얼마든지 물어 볼 수 있다. 어떤 형식으로든 아이들에게 독서 지도를 하고 있는 사람이라면 당연히 아동 도서를 좋아할 것이고, 책을 통해 맺어지는 아이들과의 관계를 소중히 여길 것이다.

교사들에게 내가 당부하고 싶은 것은, 공부 기술 위주의 독서 교육이 과연 우리 아이들을 능숙하고 열정적이며 습관적이고 비판적인 독서가로 자라게 하는 데 도움이 되는지 충분히 고민해 보라는 것이다. 이번 장에서 내가 밝힌 의견이 이해 전략을 신봉하는 교사와 이를 공식 채택한 학교들에 엄청난 불쾌감을 줄 것임을 잘 안다. 하지만 그럼에도 불구하고 나는 아이들한테서 리딩존의 기쁨과 풍요로움을 앗아가는 독서 방법에 이의를 제기하지 않을 수 없다.

루이즈 로젠블랫은 독서 교사들이 이런 방법론에 휘둘릴 수 있다는 것을 이미 경고했다. "심미적 독서를 완벽하게 해내기 위해서 새로운 교수법을 개발해야 할 필요는 전혀 없다"(1980년)고 그녀는 말했다. 오히려 필요한 것은 이런 것들이다. 즉 재미있는 줄거리가 담긴 책, 새로운 지식을 생생하게 전달해 주는 책, 그리고 심미적 독서와 정보처리식 독서를 모두 이해하는 교사 등이다.

아이들에게 필요한 교사는 리딩존에 빠지는 것이 어떤 기분인지 알고, 아이들을 리딩존으로 이끄는 방법을 아는 교사이다. 그리고 아이들이 지식 책을 읽으며 힘들어 할 때 요점을 찾아내고 중요한 정보를 끄집어내는 방법을 가르쳐서 더 많은 지식을 배울 수 있도록 도와주는 교사이다. 이해의 기술을 동원해야 할 때와 장소는 따로 있다. 다시 말하지만 역사나 과학 수업, 혹은 어려운 시를 해석할 때 등이다. 이를 제외하고는 그저 이야기와 글과 독서하는 사람, 이 세 가지면 충분한 때와 장소가 훨씬 많다.

프랜시스 스퍼포드는 어린 시절의 독서 경험에 대한 회상록《책이 기른 아이The Child That Books Built》(2002년)에서 리딩존에서 일어나는 이해의 순간을 거의 사진처럼 묘사했다. 내가 '거의' 라고 말한 이유는 아마도 그 순간이 이런 모습일 거라고 생각하기 때문이다. 독서의 이해 과정은 아주 미묘하고 야릇하며 변덕이 심하고 무의식적인 것이라서 도무지 설명할 수도, 측정할 수도, 시험할 수도, 가르칠 수도 없는 것이다. 우리는 그저 아이들에게 좋은 책과 그것을 읽을 시간을 줄 수 있을 뿐이다. 그리고 아이들이 리딩존에 빠질 수 있다는 사실에 감사할 뿐이다.

아이는 책을 읽으며 앉아 있다. 까만 글씨와 아이 사이에 채널

하나가 생겨서 그 사이로 어떤 전화보다도 빠르고, 어떤 데이터 전송 수단보다도 빠르게 정보가 오고가고 있다. 이 정보가 숫자의 조합이나 몇 개 안 되는 디지털 신호의 조합이 아니라, 아날로그 세계에서 온 억양과 의미가 무한히 다른 뉴스 아이템이라는 점에 주목하자. 왕자는 병든 말이 설탕 봉투를 짊어지지 않으려고 하자 깊이 한숨을 쉰다. 보라색 꽃밭 위로 오트밀 색의 하늘이 펼쳐져 있다. 큰 재산을 가진 남자가 아내를 원하는 것은 세상의 진리이다. 별의 움직임을 보라! 정보를 받아들이는 아이의 두뇌는 끊임없이 기록 파일을 만들어 낸다(가끔은 '이해 불가'의 파일 속에 담기기도 한다). 이런 정보 전송은 외부에 어떤 흔적도 남기지 않는다. 다른 사람들은 들여다보아도 무슨 일이 일어나는지 전혀 모른다. 아이는 그저 책을 들고 앉아 있을 뿐이다. 엿들을 소리조차 없다. 전화선으로 작동하는 모뎀처럼 지직지직 소리를 내는 것도 아니기 때문이다. 전송선 안에 아주 작은 마이크를 넣는다 해도 그저 무수한 이미지만 있을 뿐, 아무 소리도 나지 않고 아무것도 알아낼 수 없을 것이다(22페이지).

북토크는 짧고, 솔직하고, 따뜻하다

Booktalking

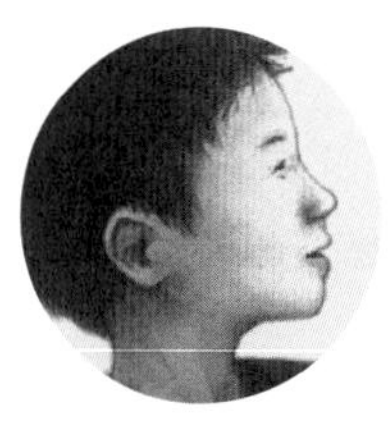

아이들이 독서를 좋아하게 된 가장 큰 이유로 북토크 시간을 꼽은 것은 내게는 그리 놀랄 일이 아니었다. 그 이유는, 우선 북토크 시간에 책을 소개하면 책 소개가 끝나기가 무섭게 아이들이 그 책을 얼른 챙겨가기 때문이다. 하지만 더 큰 이유는 북토크의 주제가 되는 책의 90퍼센트가 아이들이 학기 초에 자신이 가장 감명 깊게 읽었다며 추천한 책이기 때문이다.

북토크는 딱딱한 구두 보고서가 아니라 책자랑이다

교실에 좋은 책을 꽉 채우는 것만으로는 부족하다. 독서 교사의 중요한 역할은 좋은 책과 아주 친해져서 자신의 목소리로 책에 생명을 불어넣는 것이다. 여기에 아이들이 직접 좋아하는 책을 발견하고 친구들에게 알려 줄 기회가 있다면

금상첨화일 것이다. 그래서 나는 내가 좋은 책을 읽은 후 친구와 함께 이야기를 나누는 방식을 하나의 형식으로 정리해 보았다. 그리고 그것을 '북토크'라는 간단한 발표 시간으로 수업에 적용하기 시작했다.

7, 8학년 학급의 경우 한 해에 300회 정도의 북토크 시간을 갖는다. 북토크는 거창함이나 엄격함과는 거리가 멀다. 그저 나를 포함하여 누군가 한 명이 흔들의자에 앉아서 1~2분 정도 책에 대해 발표하는 것이다. 주인공이 어떤 인물인지, 어떤 문제가 있는지, 약간의 줄거리와 주제, 그리고 장르를 소개한다. 또 그 책이 왜 좋았는지, 어떻게 읽었는지, 왜 9점이나 10점을 주었는지, 혹은 왜 좋은 점수를 줄 수 없었는지 자신의 생각을 편안하게 이야기한다.

북토크 시간에는 책 이외에는 아무것도 없다. 소품도 없고, 시청각 효과도 없다. 물론 필기도 하지 않는다. 아이들이 하루 이틀 전에 내게 발표하고 싶다고 말하거나, 혹은 책 한 권을 다 읽은 아이에게 네가 직접 발표해 주겠냐고 하루 전에 청하기도 한다. 그러면 아이들은 그 사이에 무슨 내용으로 발표를 할지 스스로 고민한다.

북토크는 짧고 솔직하며 따뜻하다. 이것은 딱딱한 구두 보고서가 아니라 책자랑이다. 오래 전에 나는 10점 만점 중 9점이나 10점을 받은 책이 아니면 추천하지 않겠다는 원칙을 세웠고, 아이들에게도 같은 기준을 적용하게 하고 있다. 평가가 미지근할 때는, 그 책은 누구의 손에서도 환영받지 못한 채 일 년 내내 독서 교실 문고의 책꽂이에 꽂혀 있게 된다. 우리 학교에서는 7점도 사망선고나 마찬가지이다.

섬데이 북 : 독서 계획을 갖춘 독서인의 도서 목록

하지만 북토크의 주제가 자랑에서 비판으로 바뀌게 되면 이런 추천의 법칙은 깨지게 된다. 예를 들어, 내가 한 청소년문학가의 신간을 읽고 실망했거나, 소설의 결말에 화가 났거나, 혹은 도대체 사건이 뭐가 뭔지 헛갈릴 때면, 나는 아이들에게 이렇게 말한다.

"이 책은 이러이러한 이유로 선생님을 놀라게 하고 당황하게 하고 화나게 했단다. 이 책에서 뭘 얻을 수 있을지 모르겠다. 점수를 주고 싶지도 않구나. 혹시 너희 중 누가 이 책을 읽어 보고 의견을 말해 주겠니?"

아이들이 쓴 독후감 중에 가장 뛰어난 독후감은 북토크 시간을 통해 탄생한다. 내가 비판한 책을 아이들이 읽고 또 비판하거나 칭찬하면서 아이디어가 다채로워지기 때문이다.

또 추천의 법칙은 내가 아직 읽지 못한 신간일 경우에도 깨진다. 나는 아이들에게 내가 그 책에 끌린 이유를 말해 주고 표지나 날개에 적힌 글을 읽어 준다. 그리고 누가 제일 먼저 이 책을 읽어

보겠냐고 묻는다.

책이 아주 재미있어 보일 경우 아이들 사이에 쟁탈전이 일어나기도 한다. 이런 경우에는 오래전부터 내려온 가장 공평한 방법으로 이 상황을 해결한다. 책을 원하는 아이들에게 손을 들게 하여 내가 마음속으로 생각하는 숫자를 알아맞혀보게 하는 것이다. 가장 근접한 숫자를 댄 아이가 책을 처음으로 차지한다. 다른 아이들은 섬데이 페이지someday page에 그 책의 제목을 적어 넣는다.

북토크를 시작할 때면, 나는 모든 아이에게 공책을 펼치고 섬데이 페이지를 보게 한다. 북토크에서 소개된 책 때문에 몹시 흥분하던 아이들도 시간이 지나면 그 책의 존재를 까맣게 잊어버린다. 그러고는 내게 와서 "선생님, 저 어젯밤에 이 책 다 읽었어요. 다음에는 무슨 책을 읽을까요?"라고 묻는다. 섬데이 페이지의 목록은 이에 대한 답을 찾기에 아주 좋은 정보이다. 더 중요한 것은, 아이들은 이를 통해 목적의식을 가진 독립적 독서인으로 행동하는 법을 배우게 된다. 즉 독서 계획을 갖춘 독서인이 되는 것이다.

나는 아이들에게 독서 계획을 세우는 것은 각자의 몫이라고 말한다. 아이들은 모두 독서 공책에 '섬데이 북Someday Books' 언젠가 읽을 책_역주이라 쓰고, 그 페이지에 책갈피를 끼우거나 귀퉁이를 접어 둔다. 아이들은 여기에 주로 반 친구들이나 내가 북토크 시간에 추천한 책을 적어 넣는다. 그리고 적절한 시기가 올 때마다 목록을 다시 정리한다.

클라이맥스나 결말은 넌지시 암시만 하라

북토크의 기술은 클라이맥스나 결말을 이야기하되 넌지시 암시만 해주는 것이다. 대부분의 아이는 어떻게 하라는 건지 잘 이해한다. 설령 클라이맥스나 결말을 다 이야기한다 해도 그렇게 큰 문제가 되지는 않는다. 하지만 아이가 너무 자세히 이야기하려고 하면 이렇게 말하면 된다. "잠깐, 미안한데 말이지, 정말 그 이야기까지 하고 싶니?"

나는 7, 8학년이 섞여 있는 학급을 가르치기 때문에 9월 학기 초부터 이미 독서 교실 문고에 있는 책을 대부분 알고 있는 학생들이 여럿 있다. 개학 첫날에 나는 8학년 학생들과 만나서 그들이 재미있게 읽은 책을 소개할 발표 일정을 잡는다.

이렇게 9월에 8학년 학생들이 주관하는 북토크 시간은 7학년을 자연스럽게 책의 세계로 이끌고, 여름 동안 텅 비었던 '아워북' 진열대를 다시 빼곡하게 채우는 역할을 한다. 만약 한 학년으로 이루어진 학급이라면, 선배 학생들이 베스트로 추천한 책들로 새 학기를 시작하고 그것으로 진열대를 채웠을 것이다.

나는 여러 권의 책을 서로 연관지어 함께 발표하는 경향이 있다. 북토크를 위한 카테고리도 따로 만들게 되었다. 내가 읽은 추천 신간, 미처 못 읽은 추천 신간 외에도 읽어볼 만한 장르(자서전, 운문 소설, 운문자서전, 디스토피아풍 SF과학 소설, 유머와 패러디 소설, 반전 소설, 심리미스터리 소설, 만화 소설, 고전), 읽어 볼 만한 작

가(월터 딘 마이어스, 새러 디슨, 데이빗 루바, 피트 오트먼, 데이빗 세데리스, 닐 게이먼, 네드 비지니, 소냐 손스, 바바라 킹솔버), 읽어볼 만한 시리즈(필립 풀먼의 《황금나침반His Dark Materials》, 존 마스든의 《내일 전쟁이 시작되면Tomorrow When the War Began》, 테드 L. 낸시의 《어느 괴짜가 보낸 편지Letters from a Nut》, 가스 닉스의 《앱호슨Abhorsen》 등), 올디스 벗 구디스oldies but goodies(1995년 이전에 출간된 책으로 세월의 검증을 받은 책. 《아웃사이더The Outsiders》, 《초콜릿 전쟁The Chocolate War》, 《프린세스 브라이드The Princess Bride》, 《두 번 생각하지 마Don't Think Twice》, 《아무도 어른이 되지 않는다Boy's Life》, 《이 소년의 삶This Boy's Life》, 《옥토버 스카이October Sky》, 《홍고사리가 자라는 곳Where the Red Fern Grows》, 《훕스Hoops》, 《잃어버린 기억The Giver》, 《누가 개구리를 병원에 데려다줄래?Who Will Run the Frog Hospital?》, 《잘 자라고 말해, 그레이시Say Goodnight, Gracie》 등), 소재나 주제가 같은 책(운동선수가 주인공인 소설, 뱀파이어, 자아 검열, 또래집단의 압력, 역경에 처한 소년 소녀, 정체성을 고민하는 10대, 10대 게이와 레즈비언, 우정, 가족, 생존 등), 주말을 위한 주말 추천 도서, 그리고 액션이 많고 등장인물의 동기가 명확해서 초보 독서인들에게 좋은 빨리 읽을 수 있는 소설 등이다.

첫 번째 북토크 :
낯선 유쾌함, 《아이 앰 메신저》

7, 8학년 아이들에게 내가

북토크 시간을 통해 책을 추천하는 방식을 정확히 보여주기 위해 세 가지 북토크 사례를 여기에 실었다. 첫 번째 북토크에서 나는 호주의 신예 작가인 마커스 주삭이 쓴《아이 앰 메신저I Am the Messenger》를 소개한다. 여기서 나의 목표는 낯선 작가의 낯선 소설이지만 읽어보고 싶은 마음이 들도록 아이들을 유도하는 것이다.

선생님은《아이 앰 메신저》가 정말 마음에 들었단다. 처음에는 몰입하기까지 20페이지 가량을 읽어야 했어. 하지만 그 다음에는 푹 빠져들어서 이틀 만에 다 읽어 버렸단다. 이 책은 확실히 10점 만점이야.

주인공 이름은 에드 케네디야. 열아홉 살이고 불안정하지. 학교를 막 졸업했고, 하는 짓이라고는 친구들과 이리저리 다니면서 카드놀이를 하는 것뿐이야. 아, 냄새가 지독한 개도 한 마리 있단다. 짝사랑하는 여자아이가 있었는데 보기 좋게 차였고, 낡아빠진 집에 살면서 택시운전을 하며 겨우 입에 풀칠을 하지.

첫 장에서 그는 얼떨결에 은행강도를 격퇴해서 지역 신문에 사진이 실리게 돼. 그후 카드가 도착하기 시작해. 한 번에 한 장씩. 그런데 그중 하나는 에이스야. 카드 위에는 누군가 암호화된 메시지를 적어 놓았어. 그의 도움이 필요한 사람을 도와주라는 메시지야. 어떤 메시지는 좋은 일이지만, 어떤 메시지는 폭력적인 일이야. 이런 기묘한 일은 계속 일어나고 에드의 인생은 변하

게 되지. 대체 누가 카드를 보내는 걸까? 누가 그의 인생을 조종하는 걸까? 그 이유는 뭘까?

결말이 정말 놀라워. 두세 번 읽어야 할 놀라운 결말이야. 코미에의 《나는 치즈다I Am the Cheese》의 결말처럼 말이지. 참, 그리고 말이지. 책을 다 읽고 나면 뒷면의 저자 사진이 꼭 보고 싶어질 거야. 앗, 벌써 너희에게 너무 많은 걸 말해 버렸네.

《아이 앰 메신저》는 유머러스하고 미스터리하면서도 사실적이야. 대화가 너무 재미있어서 큰 소리로 웃은 적도 많아. 마커스 주삭은 대단한 신예 작가야. 앞으로 계속 이 이름을 눈여겨봐야 할 것 같아. 그의 소설에는 비상한 줄거리와 강력한 등장인물, 그리고 감동이 모두 있어. 선생님은 그의 최근작 《책도둑The Book Thief》도 막 읽기 시작했단다. 이 책도 지금까지 점수는 10점 만점이야.

자, 질문이나 하고 싶은 말 있니? 이 책을 읽고 싶은 사람은?

두 번째 북토크 : 올디스 벗 구디스, 《호밀밭의 파수꾼》

다음 두 번째 북토크는 J. D. 샐린저의 《호밀밭의 파수꾼Catcher in the Rye》이다. 이것은 '올디스 벗 구디스'로 요즘 아이들에게 읽으라고 하기에는 다소 어려운 책이다. 일부 아이들은 이 책을 붙잡았다가도 곧바로 포기한다. 주인공 홀든의 어투가 신경에 거슬리기 때문이란다. 그래서 나는 북토크 시간에 이 책이 종종 금서로 금지되곤 했다는 사실을 알려 주고, 홀든의 복잡한 성격에 대해 경고를 해주는가 하면, 주제도 슬쩍 암시해 준다. 어른의 세상에 대해 알고 싶거나, 빨리 어른이 되고 싶은 사람이라면 이 책이 아주 중요한 역할을 해줄 것이라고 말해 준다.

《호밀밭의 파수꾼》이 출간된 지 50년이 넘었지만, 어른들은 아직도 이 책을 훌륭한 고전으로 불러야 할지, 아니면 혐오스러운 책으로 금지해야 할지 결론을 내리지 못하고 있단다. 선생님은 이 책이 10점 만점의 현대고전문학이라고 확신해.

주인공이자 이 책의 화자는 홀든 코필드야. 열여섯 살로 아주 비참한 상태지. 그는 펜실베이니아의 명문 고등학교에서 퇴학을 당해서 뉴욕의 집으로 돌아가야 해. 하지만 막상 뉴욕에 도착하니 부모님을 대하기가 겁이 나서 호텔에 투숙하게 되고, 맨해튼 곳곳을 누비면서 이틀 동안 여러 일을 겪게 되지.

홀든은 우리 문학사에 길이 남을 10대 캐릭터야. 그의 캐릭터는 아주 복잡해. 재미있지만 불평이 많고, 외로움을 많이 타면서 사람을 그리워하고, 때로는 밥맛없게 굴면서 또 때로는 인정이 많지. 부정적이지만 감수성이 풍부해. 그는 위선과 허영에 지나치게 집착하지. 다시 말하면, 홀든 때문에 짜증이 날 수도 있지만, 그래도 그는 알아둬야 할 가치가 있는 캐릭터야. 이 책의 제

목은 그가 어른이 되어 하고 싶은 일과 관련이 있단다. 무슨 뜻인지는 너희가 직접 알아내렴.

홀든이 뉴욕에 와서 생긴 일들은 묘사가 굉장히 거칠단다. 일부 묘사에는 비속어도 많이 섞여 있어. 하지만 J. D. 샐린저가 이 소설을 통해 정말 하고 싶은 말은 어른이 된다는 게 고통스럽다는 것이지. "금빛은 오래 가지 않는다"는 로버트 프로스트의 말처럼 성장에는 고통이 따른다는 것이 이 책의 주제란다. 홀든을 모른 채 청소년기를 보내지 말렴.

자, 질문이나 하고 싶은 말이 있니? 이 책을 읽고 싶은 사람은?

세 번째 북토크 : 솔직한 감동,《미친 척 하지 마》

다음 세 번째 북토크는 소녀 독자들, 특히 독서를 어려워하는 초보 소녀 독자들에게 초점을 맞추고 있다. 소냐 손즈의 운문 소설은 직설적이고 짜임새가 있으며 주제가 분명하다. 또 인상적인 등장인물로 많은 인기를 누린다. 10대 소녀들에게 그녀의 소설은 즐거운 선물이다.

소냐 손즈는 늘 10대 소녀를 주인공으로 아주 재미있는 이야기를 들려주는 작가야. 그녀의 소설은 1인칭 시어체로 되어 있어서 운문 소설이라고 불리지. 그녀가 쓴 자전 소설이나 여타 소설은 우리 교실 문고에 있는 책 중에서 가장 솔직하고 강렬하고 감동적이고 유머러스한 책이라고 해도 과언이 아닐 거야.

손즈의 첫 운문 소설은 《미친 척 하지 마Stop Pretending》라는 제목의 자전 소설이야. 이 책에서 그녀는 열세 살 소녀이고 정신병을 앓는 큰언니가 있지. 소설 속 그녀의 이름은 쿠키야.

어느 날 언니가 정신병원에 가게 되었어. 쿠키는 병원으로 언니를 보러 가고 둘 사이의 추억을 되새기지. 부모님은 이 일로 갈등을 겪고, 쿠키의 친구들도 이 사실을 알고 이상한 반응들을 보이지. 쿠키는 점점 자기도 미칠까 봐 걱정을 해. 하지만 책에는 쿠키가 첫사랑에 빠지는 이야기와 언니가 미친 척을 그만하고 제정신으로 돌아오기를 바라는 내용 등이 더 많이 나온단다. 책 마지막에 손즈는 후기를 통해서 큰언니에게 일어난 일과 이 소설의 탄생 배경을 보다 자세하게 설명해 놓았어.

《미친 척 하지 마》는 이 시기 소녀의 슬픔과 분노, 죄의식, 수치, 포용, 사랑 등을 주제로 하고 있단다. 예전에도 《처음 만나는 자유Girl, Interrupted》나 《벨 자Bell Jar》처럼 정신병과 관련된 책에 대해 말한 적이 있지만, 이 책은 특이하게도 정신병에 걸린 소녀를 사랑하는 내용을 담고 있단다. 10점 만점이 분명해.

다음 소개할 손즈의 책은 《엄마는 몰라What My Mother Doesn't Know》라는 책이야. 이 책 역시 쭉쭉 읽히는 운문 소설이지. 주인공의 이름은 소피로 곧 열세 살이 되는 소녀야. 소설은 주로 소피와 그녀 주변의 소년들 사이에 생긴 일에 대해 말하지. 소피는 자

신의 첫사랑을 찾고 있거든.

손즈는 10대의 강렬한 사랑과 그 복잡미묘한 변화를 그려내는 데 특별한 재주가 있는 작가란다. 소설은 모두 짧은 시어로 되어 있고, 굉장히 많은 사건이 일어나지. 여러 소년이 등장하고, 우정과 부모님에 관한 이야기, 유대인으로 산다는 것, 스토킹을 당하는 것, 질투와 사춘기, 키스, 다툼과 화해, 그리고 아무도 좋아하지 않지만 왠지 소피에게는 끌리는 머피라는 소년도 나와. 《엄마는 몰라》는 사랑에 빠진 열다섯 소녀에 대해 솔직하게 말해 주는 책이야. 선생님은 10점 만점을 주고 싶어.

손즈의 최신작은 《엄마가 죽는 끔찍한 책 중에서 One of Those Hideous Books Where the Mother Dies》라는 책이야. 이 책 역시 운문 소설로 시와 더불어 이메일 형식으로 이야기를 들려주지. 열다섯 살인 루비는 엄마가 돌아가신 후 아버지와 살기 위해 보스턴과 단짝 친구, 그리고 남자친구를 떠나서 L.A.로 날아가지.

엄마와 아빠는 루비가 태어나기도 전에 이혼을 하셨어. 아빠를 만나는 건 이번이 처음이지. 그런데 아빠가 미국 최고의 영화배우 휩 로건이라는 거야. 루비는 운전수가 딸린 리무진을 타는 것, 캐머론 디아즈와 같은 아파트에 사는 것, 부잣집 아이들과 유명인의 자녀들이 잔뜩 있는 학교에 다니는 것 등이 어떤 기분인지 솔직하게 이야기해 줘. 그리고 떠나온 고향과 남자친구에 대한 그리움, 어느 날 갑자기 아빠가 되어 버린 그 잘생긴 남자에 대한 분노 등도 털어놓고 있지.

이 책은 슬픔과 그리움, 사랑과 이혼, 그리고 비밀에 대한 소설이란다. 비밀을 감추려고 하는 것이 오히려 가족 안에서 서로에게 상처가 될 수 있다는 걸 말해 주지. 선생님은 이 책에 9점을 주었어.

자, 여학생들이라면 소냐 손즈의 책을 섬데이 목록에 넣어 두는 게 어떨까? 혹시 지금 이 책을 가져갈 사람은 없니?

2006년 〈가정독서실태보고서 Kids and Family Reading Report〉에 따르면, 미국 중학생의 3분의 1과 고등학생의 2분의 1의 월 평균 독서 횟수가 2, 3회에 불과하다고 한다. 이렇게 독서가 점점 부족해지는 이유는 무엇일까? 아이들이 꼽은 첫 번째 이유는, 읽을 만한 책이 없어서라고 한다.

독서 교실 문고에 나이별 · 주제별로 다양한 책을 구비해 놓고 북토크 시간을 통해 좋은 책을 추천함으로써, 아이들은 읽고 싶은 책을 충분히 찾을 수 있고 언제든 손을 뻗어 가져갈 수 있다. 또 섬데이 페이지를 작성해 두면 읽을거리가 떨어질 염려는 하지 않아도 된다.

도널드 그레이브스는 어느 독서 프로그램이나 문학 수업이 효과적인지 아닌지를 알고 싶다면 학생들에게 독서 계획이 있는지 살펴보라고 했다. 학생들이 각자 읽고 싶은 책, 읽고 싶은 작가 등

의 목록을 만들어 두었다면, 그 프로그램은 꽤 효과적이라고 말할 수 있다.

어떤 책을 선택할지 모르는 상태에서는 계획조차 세울 수 없다. 북토크는 학생들에게 독서 교실 문고나 서점에서 그들을 기다리고 있는 수백 수천 권의 책의 존재를 알려줌으로써 그들이 직접 책을 선택하고, 자신의 취향을 계발할 수 있게 도와준다. 아이들은 점점 신간을 목마르게 기다리면서 자신의 문학 인생을 스스로 꾸려갈 수 있는 독립적인 독서인으로 성장하게 된다.

아이와 책에 대해 읽고 생각하고 **대화**하는 법

One-to-One

어린 독서가들을 가르치면서 반 전체를 대상으로 하는 독서 수업과 아이들 개개인과의 대화를 균형 있게 사용해야 한다는 점은 내게 늘 건강한 긴장감을 준다. 책과 독서에 대한 나의 지식이 유용할 때도 있지만, 종종 아이들 한명 한명이 필요로 하는 것은 풍부한 토론이나 세련된 설명이 아니라 그들의 현 상태에 대한 일대일 대화인 듯하다.

독서 편지는 글로 하는 아이와의 일대일 대화이다

그래서 나는 설명 시간이 너무 길어지지 않도록 주의한다. 대신 충분히 책 읽을 시간을 주며, 아이들 하나하나와 일대일로 대화하고 지도할 시간을 충분히 가지려고 노력한다. 어떤 대화는 공개적으로 진행된다. 아이들 사이를 거닐며 나는 그들을 한 명씩 리딩존 밖으로 끌어낸다. 그리고 간

단한 질문과 대답을 통해 그들의 독서 진행 상황과 이해의 깊이를 가늠해 본다.

어떤 대화는 글의 형태를 띤다. 글의 대화는 아이들이 책을 다 읽은 후 좀더 깊이 있게 논의하고 싶어할 때 나와 혹은 친구들과의 합작으로 이루어진다. 독서를 마친 후 이제는 글쓰기를 통해 그들의 문학적 능력을 개발하며 갈고 닦는 것이다.

내가 지향하는 독서 수업의 모델은 식탁이다. 가족과 친구들과 둘러앉아 서로 읽고 있는 책에 대해 편하게 이야기할 수 있었던 우리 집의 식탁 말이다. 나는 그 식탁을 교실로 옮겨놓기 위해 열심히 노력하고 있다. 나는 나와 아이들이 그 식탁에 둘러앉아서 독서인으로서 고찰하고, 변호하고, 열광하고, 재고하고, 가르치고, 배우는 것을 꿈꾼다. 그리고 만약 독서 수업이 식탁이라면, 이 식탁의 네 다리는 내가 아이들 한명 한명과 나누는 매일의 대화들, 또 우리가 주고받는 책과 작가들에 대한 편지들이라고 생각한다.

나는 1980년대에 자나 스타튼의 교환일기 dialogue-journal 연구(1980년)에 흥미를 느꼈다. 그리고 아이들에게 독서인으로서 더 발전하기 위해 독서에 대한 글을 교환일기 형식으로 써보자고 했다. 글로 적으면 말로는 가능하지 않은 깊은 사고를 할 수 있으리라고 생각했기 때문이다. 그리고 그로부터 25년이 지난 후인 지금도 나는 중학생들과 책에 관한 글을 주고받는다. 그리고 이 방법을 좀더 확실하고 효율적이며 관리하기 쉽도록 진행 방식과 글의 형식을 끊임없이 보강하고 있다.

나의 책 《한가운데In the Middle》(1987년, 1998년)를 읽은 어떤 교사들은 아이들과 독서 편지를 쓰기 시작했다. 하지만 여기에는 대가가 따른다. 반의 모든 아이와 책에 대해 매주 편지를 교환하다 보면 글을 쓰다가 지치고 만다. 나 역시 이 분량을 감당할 수가 없었다. 그래서 나는 다음과 같은 방법을 사용함으로써 독서 편지의 양을 반으로 줄였다. 즉 아이들은 나와 세 번에 걸쳐 편지를 주고받고, 그 다음에는 같은 반 친구 한 명과 세 번의 편지를 주고받기로 한 것이다.

이런 개선책은 나의 일을 좀더 수월하게 해주었지만, 독서 편지의 또 다른 문제를 해소해주지는 못했다. 즉 아이들이 읽은 책에 대해 별로 쓸 말이 없을 때가 있다는 점이었다. 예를 들어, 독서인 한 명이 편지 마감일을 코앞에 두고 자전 소설을 읽기 시작했다고 하자. 그렇다면 그는 형식적으로밖에는 쓸 말이 없을 것이다. 혹은 아주 긴 판타지 소설에 빠져서 몇 주 동안 그 책만 읽은 독서인이 있다고 생각해 보자. 그 아이는 매주 이야기의 진행 상황만 보고할 뿐 별다른 할 말이 없을 것이다. 또 어떤 독서인은 책에 깊숙이 몰입한 나머지 리딩존에서 벗어나서 작가가 어떤 의도와 방식을 사용했는지 숙고하기가 어려울 수도 있다.

독서 편지는 조심스럽지만 분명한 평론이다

내가 받은 편지 중 가장 좋은 편지들은 학생들이 독서를 다 마친 후에 쓴 것들이었다. 그들의 반응은 폭넓고 깊었으며 감명 깊었던 문장을 직접 언급할 줄도 알았다. 또 작가의 기법과 책 전체에 대한 자신의 느낌을 적고 있었다. 결과적으로 이 편지들은 문학 비평이었다. 형식적이지 않고, 조심스럽지만 분명한 평론이었던 것이다.

그래서 나는 새롭게 계획을 짰다. 이제 내가 교실에서 사용하는 독서 편지는 편지글의 형태를 띠고 있다. 아이들은 이 편지를 나나 혹은 반의 친구에게 3주에 한 번씩 보내야 한다. 편지에서 아이들은 자신이 다 읽은 책에 대해 이야기해야 한다. 이 편지는 초본이 곧 완성본으로 별다른 격식이 없고 수정하지도 않는다. 아이들은 학년 초인 9월에 다음과 같은 내용을 담은 나의 초대 편지를 받는다.

9월 10일

____________에게,

독서 편지는 너와 나, 그리고 반 친구들이 함께 책과 독서와 작가, 그리고 글쓰기에 대해서 고민해 보는 일기란다. 나와 친구들에게 보내는 편지를 쓰면서 너는 네가 읽은 책에 대해 좀더 생각해 볼 수 있을 거야. 그러면 우리는 네가 생각한 것과 관찰한 것들을 읽고 답장을 써줄 거란다. 우리의 편지들은 우리가 함께 만들어가는 독서와 사고, 그리고 배움과 가르침의 기록이 될 거야.

편지글은 적어도 두 장은 되어야 해. 읽은 책 한 권에 대한 네 자신의 비판적인 생각을 써보렴. 읽은 책 모두에 대해 한 단락씩 쓰라는 게 아니라 가장 좋았던 책 한 권만 선택해서 깊이 있게 쓰는 거야. 편지글은 네 독서일기장에 3주에 한 번씩 쓰면 된단다. 마감일은 목요일 아침이고, 받는 사람은 선생님이나 네 친구일 거야. 우리는 이렇게 돌아가면서 편지를 교환할거야. 우선 선생님에게 세 편의 편지글을 쓰고, 그 다음에는 네가 고른 친구 한 명에게 세 편의 편지글을 쓰면 돼.

편지를 쓰기 시작하기 전에 네가 읽었던 책들을 생각해 보렴. 그중에 즐겁게 다시 한 번 읽고 싶은 책은 무엇이니? 읽다 말았던 책, 혹은 슬픈 결말에도 불구하고 끝까지 희망을 갖고 읽었던 책 중 잽싸게 다시 읽을 수 있는 책은 무엇이니? 책을 결정했다면 다시 그 책을 보렴. 훑어본 다음에 네가 중요하다고 생각하는 부분을 하나 골라 봐. 여기서 중요하다는 말의 의미는 작품의 주제나 갈등, 등장인물, 줄거리, 혹은 작가의 문체에 대한 너의 느낌을 말한단다. 핵심이라고 여겨지는 부분을 고르면 돼. 그리고 편지에 네가 고른 부분을 인용해서 적어 넣으렴. 그 부분이 작품과 작

가에 대해 무엇을 보여 주는지, 혹은 그 부분을 읽고 작품이나 작가에 대해 네가 무엇을 느꼈는지를 적는 거야.

편지글에 또 무엇을 써야 할까? 네가 그 책의 독자로서 경험한 것을 적어 보렴. 작가의 스타일에 대해 네가 깨달은 점을 쓰고, 작품의 주제가 무엇인지, 무엇이 너를 놀라게 했는지 써보렴. 작가와 등장인물, 책의 구성과 문체, 그리고 독서인으로서 궁금한 점들을 정리해 봐. 너의 글쓰기를 돕기 위해 선생님이 제시해 놓은 예문들을 참고하도록 하렴. 편지를 쓰면서 책에 대해, 그리고 독서인으로서의 네 자신에 대해 미처 몰랐던 점을 깨달을 수 있을 거야.

편지를 다 썼으면, 이제 그 편지를 네 손으로 직접 전달해 주는 일이 남아 있어. 만약 받는 사람이 나라면 목요일 아침에 선생님의 흔들의자 위에 편지를 올려놓으면 돼. 친구한테서 편지를 받았다면 적어도 한 문단 이상의 답장을 써서 월요일 아침까지 독서일기장을 돌려주렴. 친구의 일기장은 사물함에 넣거나 가방에 넣기보다 직접 돌려주는 게 좋아. 다른 사람의 일기장을 분실하거나 훼손해서는 절대로 안 돼.

편지글의 맨 위 오른쪽에는 편지를 쓴 날짜를 적고, 편지 형식에 맞는 인사말로 시작하고(__________에게) 끝을 맺으렴(사랑을 담아서, 너의 친구 __________가). 책의 제목과 작가의 이름은 꼭 써줘야겠지? 책 제목은 겹괄호를 쳐서 제목이라는 것을 확실히 보여 주렴. 예를 들어, '《아웃사이더》, S. E. 힌튼 지음'이라고 쓰면 된단다.

어서 빨리 너희와 책을 함께 읽고 생각을 나누고 싶구나. 선생님은 너희의 첫 편지가 벌써부터 기다려진다! 앞으로 일 년 동안 선생님은 너희한테서 배우고, 너희와 함께 배울 거야. 그리고 너희가 책의 즐거움을 배울 수 있도록 열심히 도와줄게.

사랑을 담아,

낸시 선생님

나는 이 편지를 복사해서 독서일기장 안에 쏙 들어가는 크기로 자른다. 학년 초의 미니 레슨 시간에 나는 아이들에게 이 편지를 나눠 주고 일기장 표지 안쪽에 붙이게 한다. 그리고 내가 소리 내어 편지를 읽어 주면 아이들은 각자 중요하다고 생각하는 부분에 표시를 한다.

편지의 의도를 정확히 알려주기 위해 나는 아이들에게 내가 쓴 편지글의 예문도 한 장씩 나눠 준다. 나는 간단한 목록을 작성할 때도 먼저 내용을 메모한 후 시작하는 편이라서 아이들에게 내가 편지를 쓰기 전에 작성한 메모 내용도 함께 보여 준다. 일부 아이들은 이런 메모 기법이 유용하다고 생각하지만, 메모 없이 글쓰기로 곧바로 뛰어드는 아이들도 있다.

9월 3일

친애하는 독서인들에게,

뎁 칼레티는 요즘 선생님이 좋아하게 된 청소년 문학 작가란다. 책과 제목이 좀 안 어울리지만 《야생 장미 Wild Roses》는 9점을 받을 만한 책이야. 우선 이 소설은 아주 흥미롭고 신선한 문제를 갖고 있단다.

첼로 연주가인 캐시 모건의 어머니는 캐시의 아버지를 떠나 세계적인 바이올리니스트이자 작곡가인 디노라는 사람과 결혼을 한단다. 디노는 조금 정신이 이상한 게 아닌가 싶을 정도로 아주 특이한 사람이야. 그리고 캐시는 디노의 제자인 이안과 사랑에 빠지게 되지. 이 책은 두 개의 클라이맥스가 있어. 결말은 해피엔딩이기는 하지만, 굳이 비판을 하자면 조금 마음에 안 드는 부분도 있어. 이 책의 장르는 틀림없는 청소년 사실 소설이란다.

칼레티는 등장인물의 성격을 묘사하는 면에서 세라 데센과 비교할 만하단다. 캐시는 데센의 여주인공들처럼 똑똑하고 달변이며 문학적이고 생각이 깊은데다 열정적이기까지 한 소녀야(데센의 인물들처럼 캐시도 무언가를 갈망하고 있단다). 그리고 재치도 있지. 소설은 1인칭 시점으로 쓰였는데 캐시는 아주 똑똑하고 관찰력이 뛰어난 매력적인 화자란다. 여기 예를 하나 보여 줄게.

나는 지금 안개 속의 삶을 걷고 있다. 나는 멀찍이서 삶을 바라볼 뿐, 삶 속에 직접 뛰어들지는 않는 것 같다. 마치 병에 걸려서 약을 잔뜩 먹고 이불 속에서 끙끙거리는 것처럼 말이다. 그리고 안개라는 말은 글자 그대로 딱 들어맞았다. 그때 내 주변에는 가냘픈 강처럼 안개가 흐르고 있었다. 구름들이 엘리베이터를 잘못 타고 그만 땅에 내려앉아 버린 것처럼, 아침의 물가와 잔디밭 위에는 안개가 자욱했다. 사실 안개란 것은 게으른 구름들, 꿈이 없는 구름들이다. 안개는 어딘가 으스스하고 아름다웠으며, 부드럽고 사색적이었다. 안개는 오후가 되면 공중으로 떠올라 태양의 언짢은 빛을 받게 되고, 이 때문에 10월의 붉은 빛은 강렬하게 타올라서 눈이 아플 지경이었다. 모든 것이 이슬에 젖어 반짝였고, 날씨는 떨림이 느껴질 정도로 추웠다. 나는 이 추위가 별로 마음에 들지 않았다. 두꺼운 코트를 입고서 무언가 즐겁고 유용한 일을 해야 할 것 같은 추위. 그러니까 낙엽이라도 긁어모아야 할 것만 같은 추위가 싫었다. 나는 비가 다시 오기를 바랐다. 비가 아니라면 음침하고 슬퍼 보이는 안개라도 다시 내려앉기를 바랐다.

학교에서의 시간을 나는 무심하게 보냈다. 킬리 젠슨이 머리에 염색을 했다는 것과, 코트니와 트레버 우드하우스에 관한 소문이 학교를 휩쓸었지만(그들이 어떤 사이인지는 한 번 쳐다보기만 해도 다 알 수 있었다), 이런 것들에 대한 내 관심은 점점 더 작아졌다. 이전의 나라면 웃을 만한 일에도 나는 더는 웃지 않게 되었다. 세

라 프레이저의 화장이 친구들 두세 명에게 나눠 줘도 모자라지 않을 만큼 덕지덕지했다든가, 헤일리 바튼의 브라 사이즈가 치와와 두 마리가 동네에서 사라진 이후로 두 배로 커졌다든가 하는 것들도 이제는 나와 상관없는 일처럼 느껴졌다(98, 99페이지).

선생님은 이 부분이 캐시의 자의식과 감각적 묘사, 그리고 유머가 효과적으로 잘 혼합된 부분이라고 생각했어. 칼레티가 창조한 캐시의 목소리와 성격이 잘 드러나는 부분이지. 솔직히 말해서 이 책《야생 장미》와 칼레티의 두 초기 소설《그대, 당신, 내 사랑Honey, Baby, Sweetheart》과《모든 것의 여왕The Queen of Everything》이 미도서관협회의 추천 도서에서 빠져 있다는 사실에 깜짝 놀랐단다. 칼레티는 중학교 선생님과 학생들에게 좀더 널리 알려져야 할 이름이라고 생각해.

선생님은 칼레티의 대화 글이 마음에 들었단다. 대부분은 이야기의 주 줄거리와 동떨어진 듯한 인물들한테서 나왔어. 특히 노쇠하지만 교활한 캐시 할머니의 대사나, 오토바이 폭주족이지만 오토바이가 없어서 녹슨 닷선Datsun : 1930년대 닛산이 만든 스포츠카_역주을 타고 다니며 캐시를 래시라고 부르면서 왜 자기들이 안마테라피에서 일자리를 구할 수 없는지 의아해 하는 버니와 척이라는 뚱뚱한 뉴에이지 폭주족들의 대사가 눈에 띄었지.

이야기의 전개도 아주 설득력이 있어. 부모님의 이혼에 대한 상세한 묘사와, 캐시의 양육 문제를 조정하는 부분, 그리고 창의성에 방해가 된다며 향정신제를 거부하던 디노가 점차 우울증과 과대망상에 빠져가는 과정의 묘사도 아주 세부적이고 현실적이었어. 또 캐시와 이안의 사랑은 감동적일 뿐만 아니라 절제된 묘사 덕택에 다른 청소년 소설보다 더 로맨틱하게 느껴졌단다.

물론 줄거리가 완벽했던 것은 아니야. 캐시의 인물 묘사에서 칼레티는, 캐시가 천문학에 관심이 있고 천문학에 대해서 잘 안다고 말하거든. 하지만 캐시가 망원경을 사용하는 소설 속 두 장면에서 캐시는 평범하게 달과 화성을 관찰한단다. 캐시가 천문학에 대해 잘 안다는 것을 증명할 만한 상세한 묘사나 천문학적 용어들은 전혀 나오지 않아.

그리고 엄마들에 대해서도 석연찮은 부분이 있어. 캐시의 엄마는 캐시에게 전혀 관심이 없단다. 그런데 섬세한 10대 소녀인 캐시가 이를 아무렇지 않게 여긴다니, 선생님은 이해가 가지 않았어. 또 이안의 엄마는 경제 상황이 좋지 않은데 10대 아들이 세계적으로 유명한 바이올리니스트가 되기를 바라고 있단다. 멀쩡한 사람이 일도 하지 않으며 아들의 미래만을 바라보고 있다니 좀 이상하더구나. 칼레티가 이런 관계와 인물들의 동기를 조금 더 깊이 들여다보았다면 더 좋았을 텐데 하는 아쉬움이 있었어.

《야생 장미》의 주제는 사랑의 힘이 아닐까 해. 타인에 대한 사랑, 그리고 자기 자신에 대한 사랑 말이야. 칼레티는 캐시로 하여

금 비록 사랑이 아플 수도 있지만 사랑이 '들어오도록, 그리고 자신을 잃지 않도록' 해야 한다는 것을 깨닫게 한단다(294페이지). 결론에서 캐시는 이것을 깨닫게 돼. 이 부분은 특히 묘사가 잘 된 부분이었어.

지금까지 뎁 칼레티가 보여 준 여주인공들을 보면서 선생님은 그의 다음 작품을 무척 기대하고 있단다.

사랑을 담아,

낸시 선생님

아이들은 생각을 글로 옮기며 진지한 비평가가 된다

나는 이런 편지글이 매주 써야 하는 교환일기보다 좀더 많은 노력이 들기는 하지만 좀더 수월한 과제라고 생각했다. 한 권의 책에 대해 비판적으로 생각하고 장문의 글을 쓰는 과정을 통해 아이들이 진지한 비평가로 발전할 수 있을 것이라고 생각했다. 또 그동안 읽었던 여러 책을 돌아보고 그중 한 권을 골라 글을 씀으로써 독서에 더 적극적으로 임하고 글솜씨를 다듬을 수 있으리라고 생각했다. 더욱이 생각을 글로 적는 행동은 지능 발달에 도움이 되기 때문에, 이런 편지글을 씀으로써 아이들의 지능 특히 문학지능이 현저히 발달하리라고 생각했다.

나의 이런 생각이 옳았음을 아이들은 충분히 증명해 주었다. 11

월이 되어 1학기를 마무리지을 때, 나는 자기평가서에 다음과 같은 질문을 넣었다. "편지글에 대해 어떤 생각을 갖고 있나요?" 다음의 글들이 보여 주듯이 아이들의 반응은 굉장히 긍정적이었다.

IIIII 이전에 매주 썼던 독서일기보다 훨씬 더 재미있었어요. 좀더 깊이 있게 쓸 수 있으니까 책에 대해 하고 싶은 말을 모조리 쓸 수 있어서 좋아요.

IIIII 현재 읽고 있는 책에 대해 쓰는 것보다 제가 읽었던 책 중 하나를 골라서 쓰는 것이 훨씬 더 쉽고 재미있어요.

IIIII 편지를 쓰다 보면 책을 읽을 때는 몰랐던 부분을 알게 돼요. 예를 들어, 작가가 인물을 묘사하는 법이라든가 하는 것 말이에요. 책에서 한 부분을 발췌해서 편지에 쓰는 것도 재미있어요. 그렇게 하면 편지를 받는 사람도 저도 제가 무엇에 대해 쓰고 있는지 확실히 알게 되니까요.

IIIII 작가가 잘한 부분, 좀더 잘했으면 하는 부분에 대해 적다 보면 제가 평론가가 된 기분이 들어요.

IIIII 독서인으로서의 제 자신, 제가 어떻게 책을 읽는지, 제 취향은 무엇인지에 대해서 좀더 잘 알게 되었어요.

IIIII 제게 편지를 준 친구가 책에 대해 어떻게 생각하는지 알아나

가는 건 참 재미있는 일이에요. 편지는 매주 쓰던 교환일기보다 훨씬 더 깊이가 있어요.

||||| 편지는 책에 대한 제 마음을 다 쏟아낼 수 있는 출구예요. 편지를 쓰고 나서야 제가 하고 싶은 말이 그렇게 많았다는 것을 깨닫게 돼요.

||||| 제가 쓴 편지를 읽고 친구도 그 책을 읽기 시작하면 정말로 뿌듯하고 기분이 좋아요.

||||| 선생님이 주신 '문장의 시작글'들은 문학에 대해서 좀더 깊이 생각하게 해줘요. 그리고 좀더 분석적으로 글을 쓰게 도와주지요. 편지를 쓰면서 고등학교와 대학교에서 쓰게 될 에세이 과제에도 미리 대비할 수 있어요.

마지막 말은 나의 학생 중 한 명인 링컨이 한 말이다. 그 아이의 말은 편지글의 또 다른 유용성을 보여 준다. 고등학교와 대학교에서 학생들은 문학에 대한 비평적인 글을 써야 한다. 그 글에서 학생들은 작가의 기법과 주제를 논하고 적절한 인용구를 사용함으로써 자신의 주장을 뒷받침해야 한다. 나는 이 편지글이 아이들 사이의 스스럼없는 독서 편지에서 청소년과 어른들이 쓰는 좀더 길고 격식을 갖춘 분석적인 글로 발전할 수 있도록 돕는 다리 역할을 할 것이라고 기대한다.

위에서 링컨은 내가 준 '문장의 시작글'들이 자신의 글을 좀더

문장의 시작글

나는 ~에 놀랐다/화가 났다/만족했다/감동했다/믿을 수 없었다…

나는 작가가 ~한 방식이 마음에 들었다

나는 작가가 ~한 방식을 알 수 있었다

나는 어째서 작가가 ~했는지 이해할 수 없다

내가 작가였다면 나는 ~했을 것이다

이 작가와 비교할 만한 다른 작가는…

이 책과 흡사한 다른 책은…

주인공은…

인물 묘사는…

이 책의 화자는…

이 책의 구성은…

줄거리의 클라이맥스는…

주인공의 갈등의 해결은…

이 책의 장르는…

내가 생각하는 이 책의 주제는…

내가 이 책에 바라는 것은…

내가 동의하지 않는 점은…

내가 이해한 점은…

내가 이해하지 못한 점은…

어째서 ~했을까?

이 책에 대한 나의 감상은…

이 책은 10점 만점에 ____점이다. 왜냐하면…

항상 써야 할 문구 |

나는 다음과 같은 구문에 감동을/흥미를/확신을 느꼈다 :

"…(인용 발췌)"

이 구문은 작가의 스타일에 대해 ~점을 보여 준다

분석적으로 만들어주었다고 했다. 그 아이가 말한 '시작글'이란 아이들에게 관찰자적인 시점을 주기 위해 내가 만든 한 장 분량의 목록을 일컫는 것이다. 나는 아이들이 이 목록을 사용하여 리딩존 밖에서도 문학 작품을 바라볼 수 있기를 바랐다. 작품을 사랑했든 싫어했든, 혹은 영 이해할 수 없었든 자신이 어떻게 그 작품에 반응했고, 작가가 그러한 반응을 이끌어내기 위해 무슨 일을 했는지 볼 수 있도록 유도했다. 나는 이 목록을 밝은 색 카드지에 복사한 후 독서일기장 크기에 맞춰 잘라 아이들에게 나눠 주었다. 아이들은 이것을 일기장의 책갈피로 사용하며 책에 대해 뭐라고 써야 할지 모를 때는 이것을 본다.

편지글은 독후감보다 깊이 있고, 즐거우며, 쓰기 쉽다

편지글은 매주 형식적으로 쓰는 독후감보다 더 깊이가 있고 읽기가 즐거우며 답장을 쓰기도 쉽다. 아이들도 나도 서로에게 쓸 말이 더 많아지기 때문이다.

답장을 쓸 때 나는 교사이자 한편으로는 독서인으로서 쓰고자 노력한다. 즉 나는 아이들의 견해에 동의하거나 반론을 펴고, 나의 경험과 의견을 피력하며, 제안을 하거나 추천을 하고, 배경 지식도 제공한다. 예를 들어 7학년인 너새니얼에게 처음 답장을 쓸 때, 나는 이론을 제시하고 다음 편지글의 방향과 함께 그 아이에게 책 한 권을 추천했다. 너새니얼은 곧바로 내가 추천한 책을 읽기 시작했다.

9월 25일

낸시 선생님께,

《침몰된 곳들의 게임 The Game of Sunken Places》은 제가 가장 좋아하는 판타지 소설 중 하나랍니다. 아마 다른 작가가 이 책을 썼다면 주제가 너무 독특해서 뒤죽박죽으로 헛갈리게 쓸 수밖에 없었을 거예요. 하지만 M. T. 앤더슨의 날카롭고 직설적인 글솜씨는 이 책을 아주 재미있고 박진감이 넘치는 소설로 만들었어요. 최근에 읽은 다른 책들과 달리 저는 이 책에 곧바로 빠져들었답니다.

이 소설의 주인공은 그렉과 브라이언이에요. 어느 날 그렉의 수상쩍은 삼촌이 그와 친구 브라이언을 집으로 초대하면서 이야기는 시작되지요. 아이들은 방에서 '침몰된 곳들의 게임'을 발견해요. 이 게임은 아주 낡은 보드 게임인데, 그들이 묵고 있는 저택을 똑같이 재현해 낸 모형이지요. 아이들은 곧 자신들이 이 게임의 한 부분이라는 것을 알게 되고, 또 두 '영靈의 나라'가 누가 이길지를 놓고 내기를 하고 있다는 것을 알게 되지요. 아이들은 수수께끼 같은 적을 이기기로 결심한답니다.

"두 영의 나라가 전쟁을 한단다. 전쟁은 너희 손에 달려 있어. 한쪽은 본래 이곳에 살던 노룸베가 언덕의 사람들이야. 다른 쪽은 그들을 쫓아낸 투서 유목민들이지." 맥스 삼촌은 의자의 머리받침에 머리를 기대며 말했다.

그레고리가 물었다. "우리가 지면 어떻게 되지요?"

"그들은 협정을 맺었어." 맥스 삼촌이 말했다. "노룸베가의 사람들은 귀양을 가야 했지. 하지만 그들에게는 돌아올 기회가 있어. 게임이 만들어지고 라운드가 시작되었지. 노룸베가인들이 이기면 그들은 귀양에서 돌아오게 돼. 하지만 투서 유목민들이 이기면 이들이 노룸베가의 언덕을 차지하게 되지."

브라이언은 믿을 수 없다는 듯이 말했다. "영의 나라의 운명이 우리가 이기느냐 지느냐에 달린 거라고요?"

이야기가 진행되면서 주인공은 그레고리에서 브라이언으로 바뀌어요. 이렇게 주인공을 바꾸기로 하다니 이 점이 꽤 흥미로웠어요. 책이 3인칭 시점이라 변화가 눈에 확 띄지는 않지만요.

이 소설은 판타지와 모험, 그리고 청소년 사실 소설 등의 장르가 골고루 섞여 있어요. 대부분이 굉장히 현실적이지만 환상적인 부분도 섞여 있지요. 아쉬운 점이 한 가지 있다면, 클라이맥스를 서두른 감이 있다는 거예요. 이야기 전체가 그것을 위해 쓰인 건데, 좀더 많은 것을 보여 주었어도 좋았을 것 같아요. 그래서 저는 이 책에 9점이나 9.5점이 아니라 8.5점을 주었어요.

이 책의 주제를 하나 고르다면 저는 우정을 택할 거예요. 이야기 내내 그렉과 브라이언을 묶어 주는 것이 바로 우정이니까요. 마지막에(결말에 대해 쓰면 안 되지만 선생님도 읽으셨다는 걸 아니까 쓸게요) 그레고리는 명예를 버리고 브라이언이 영웅이 되게 해줘요. 착한 사람들이 이기게 해주려고 그들은 친구로서 같이 싸웠어요. 그리고 나중에 자신들이 경쟁하는 적이었다는 사실을 알게 되자, 그레고리는 보다 나은 결과를 위해서 자기가 지는 쪽을 택해요. 전반적으로 즐겁게 읽을 수 있는 책이었어요.

진심을 담아,

너새니얼

9월 30일

너새니얼에게,

인물 전개가 독창적이었다는 점에 선생님도 동감이야. 처음에는 사실 굉장히 거북했단다. 그렉과 브라이언이 진짜 소년들이라기보다 종이인형처럼 느껴졌거든. 하지만 앤더슨이 훌륭한 작가라는 것을 믿었기 때문에 꾹 참고 읽었지. 그리고 이제는 그가

왜 그렇게 했는지 조금 알 것 같구나.

《하디 소년들Hardy Boys》이라는 책에 대해 들어 보거나 읽어 본 적이 있니? 《하디 소년들》은 1900년대 초기에 에드워드 스트라트메이어가 시작한 시리즈물이란다. 모험과 수수께끼를 푸는 것에 중점을 두고 인물 묘사는 거의 하지 않았지. 스트라트메이어는 톰 스위프트와 낸시 드류라는 모험소설 시리즈의 영웅을 두 명 더 만들었는데, 이들도 매우 평면적인 캐릭터였단다.

《침몰된 곳들의 게임》에서 앤더슨은 《하디 소년들》의 전통을 현대적으로 멋지게 바꿔 놓은 것이 아닌가 싶어. 그의 문체는 깔끔하고 유려하며 이야기는 아주 흥미롭게 구성되었지. 그의 책은 문체와 주제에 대한 호기심만으로도 충분히 읽을 가치가 있단다. 앤더슨은 실험 정신이 매우 뛰어난 작가이거든.

앤더슨의 《피드Feed》는 읽어 보았니? 그 책도 아주 좋단다.

사랑을 담아,

낸시 선생님

추신… 너새니얼, 네가 발췌한 부분은 줄거리를 설명하는 데는 더없이 좋았단다. 하지만 앤더슨의 문체나 주제에 대해서는 부족한 것 같구나. 다음에는 작가의 문체, 주제, 인물 묘사 등이 잘 드러나는 부분을 발췌하도록 하렴. 인용을 할 때는 선택적이고 구체적이어도 괜찮단다.

아이들은 글쓰기를 통해 문학적 사고력을 배운다

편지글에 답장을 쓸 때 나는 아이들로 하여금 작가의 기법과 이에 대한 독자로서의 자신의 반응을 눈여겨보게 한다. 그 책이 자신에게 어떤 인상을 주는지를 감지하고, 작가가 어떻게 해서 그러한 반응을 이끌어내는지를 깨닫게 하는 것이다. 나는 아이들이 주관적인 동시에 비평적인 관점으로 책을 볼 수 있기를 바란다. 나는 아이들이 줄거리에 대한 몰입과 감상을 뛰어넘어 무엇이 효과적이고 무엇이 효과적이지 않은지를 관찰하고 판단할 수 있기를 바란다.

아이들에게 글에 대해 고민할 시간과 작품을 관찰하는 객관적 거리, 그리고 안전한 환경을 제공해 주면, 이들은 글쓰기를 통해 문학적 사고력을 배울 수 있다. 다음은 8학년인 그레이스와 내가 나눈 편지이다. 우리는 엘리자베스 버그의 《영속적인 것들 Durable Goods》에서 인물들이 어떻게 발전하는지를 알아내고 버그의 작품들을 함께 논했다.

3월 28일

낸시 선생님께,

최근에 엘리자베스 버그의《영속적인 것들》을 읽었어요. 그녀의 다른 책인《잠들기 전의 대화Talk Before Sleep》와 비교했을 때 이 책은 9점이나 10점을 줄 만해요.

이야기의 도입부가 저는 정말 마음에 들었어요. 주인공 케이티는 뭔지 나쁜 일을 저지르고 말거든요. 작가는, 독자들로 하여금 다음에 무슨 일이 일어날지 궁금하게 만들지요. 이렇게 이야기를 시작하는 것은 참 효과적인 것 같아요. 곧바로 사건이 시작되기 때문에 읽다 보면 책을 내려놓을 수가 없어요.

케이티의 아빠는 아주 현실적으로 그려져 있고, 케이티 엄마의 죽음이 불러온 영향도 아주 현실적이에요. 아빠가 현실적이었다고 말하는 이유는 으레 소설에 등장하곤 하는 '딸을 때리는 나쁜 아빠' 가 아니었기 때문이에요. 아빠는 케이티만이 알고 있는 여린 부분을 갖고 계시죠.

엄마의 죽음에 대한 부분은 굉장히 현실적으로 이야기 내내 케이티에게 영향을 미치고 있어요. 슬플 때면 케이티는 엄마와 같이 이야기를 나누거나 웃었던 옛날로 독자들을 데리고 가요. 케이티의 침대 밑에는 슬프거나 혼란스러울 때면 가서 눕는 자리가 있는데, 거기서 케이티는 마치 엄마가 살아계신 것 마냥 엄마에게 말을 한답니다. 저는 이런 장면이 아주 좋았어요. 왜냐하면 슬프거나 혼란스러울 때면 그것에 대해서 속 시원하게 말하는 게 좋다고 하거든요. 케이티는 그렇게 하고 있는 거예요. 이 부분이 저는 참 탁월했다고 생각해요.

이야기의 결말이 처음에는 좀 헛갈렸어요. 왜냐하면 케이티는 언니와 언니의 남자친구와 같이 도망을 가거든요. 작가는 케이티가 그들과 새로운 삶을 시작할 거라고 믿게끔 만들어요. 하지만 결국 케이티는 아빠가 계신 집으로 혼자서 돌아와요. 그리고 아빠와 함께 새로운 삶을 시작하지요. 작가가 그렇게 한 것은 정말 대단하다고 생각했어요. 케이티가 그런 끔찍한 과거를 가진 채로 도망을 가버린다면, 케이티는 자신의 과거를 새로운 미래로 바꿀 수 없었을 거예요. 하지만 돌아옴으로써 케이티는 과거를 미래로 바꿔 버렸어요. 제가 무슨 말을 하는지 이해가 가세요? 아래의 부분에 저는 굉장히 감동했어요.

> 나는 강아지를 기를 수 있어. 나는 남자친구도 사귈 수 있어. 나는 좋은 남편을 만나서 그와 같이 살 수도 있어. 거실에 들어가면서 나는 내 집을 어떻게 꾸밀까 생각해. 음, 우선은 커튼이 필요할거야. 커튼이 있어야 교양 있어 보이거든. 그리고 오븐에서는 무언가가 진한 냄새를 풍기고 있어. 식물도 좀 있고, 우리가 함께 고른 그림들도 있고. "이 그림이 마음에 들어요?" "물론이지, 여보. 당신이 좋아한다면야." 그래, 그리고 담배를 피우는 손님들을 위해 재떨이도 하나 놓자. 낱개로 포장된 캐러멜이 담겨 있는 사

탕 그릇도 하나 놓아두고.

저는 이 부분이 케이티란 인물을 잘 보여주었다고 생각해요. 그 애는 늘 자신의 삶과 상상 속의 삶을 비교하곤 하거든요. 그러면서 케이티는 이 책에 묘사된 한 해 동안 정말 많은 일을 해내지요. 작가는 케이티가 열두서넛 살 소녀들의 본보기가 되게 하고 싶었던 것 같아요. 그래서 저는 우리 반 여자아이들에게 이 책을 추천하고 싶어요.

이 책의 연작인 엘리자베스 버그의 《조이 스쿨Joy School》을 어서 읽고 싶어요. 그 책도 이만큼 훌륭하면 좋겠어요. 새라 데센의 작품을 모조리 읽었던 것처럼 엘리자베스 버그의 작품도 다 읽고 싶어요. 버그의 수작들을 제게 추천해 주시겠어요?

사랑을 담아,

그레이스

3월 29일

그레이스에게,

데센과 달리 버그는 변덕스러운 작가란다. 선생님은 그녀의 소설 중 반 정도는 즐겁게 읽었지만, 나머지는 몰입하기가 어려웠거든. 내가 추천할 수 있는 버그의 좋은 소설들은《영속적인 것들》,《조이 스쿨》,《잠들기 전의 대화 Talk Before Sleep》, 그리고《가동범위 Range of Motion》란다. 다른 책들은 줄거리나 문체, 그리고 무엇보다 인물의 동기와 신빙성이 정말이지 별로였어. 내게 이렇게까지 감동을 주면서도 한편으로는 실망을 안겨 준 작가는 아마 그녀뿐일지도 모르겠다.

오늘 서점에서 버그의 신작을 발견했단다. 사고 싶은 생각이 들었지만 뉴욕타임스 서평을 먼저 읽고 나서 사기로 마음먹었지. 최근 그녀가 쓴 책들은 굉장히 실망스러웠거든.

케이티는 최근의 소설 중에서 내가 가장 좋아하는 여주인공 중 하나란다.《스카우트 Scout》와《성안에 갇힌 사랑 Capture the Castle》의 여주인공만큼이나 좋아해. 그녀의 목소리는 진솔하고 표현력이 뛰어나며, 무엇보다 순수하거든. 네가 발췌한 부분은 그 아이의 나이와 성격을 아주 잘 드러낸 부분이야. 네가 관찰한 것처럼 환상으로 가득하지만, 현실을 보는 눈도 갖고 있지. 케이티는 버그가 작가로서 일궈낸 하나의 업적이었어.《조이 스쿨》도 좋아할 것 같구나.

사랑을 담아,

낸시 선생님

어른의 열정이 아이를 좋은 독서인으로 만든다

아이들은 한 해 동안 열두 편 이상의 편지를 주고받게 된다. 아이들의 편지는 모두 확고한 의견과 진지한 사고가 돋보이는 문학적 담화이다. 그에 비해 우리가 매일 얼굴을 맞대고 나누는 대화들은 어린 독서인들이 리딩존 안에서 읽고 생각하고 계획할 수 있도록 돕는 역할을 한다. 또 이런 대화들은 우리가 나눈 편지 속의 대화를 이어가고 확장하는 데 도움을 준다.

내가 책에 대해 대화하는 법을 터득하기까지는 상당히 오랜 시간이 걸렸다. 글을 읽을 때와는 달리 대화를 할 때는 생각할 시간이 모자라기 때문이고, 또 독서인에게 어떤 말이 도움이 되고 중요한지 알아내기가 어렵기 때문이다.

처음에 나는 "그 책은 무슨 내용이니?"라고 물어 보았다. 그러자 줄거리에 대한 장황한 설명을 듣게 되었다. 이 때문에 겨우 몇 명의 아이들과 이야기를 나누다 보면 수업 시간이 다 가버리고 말았다. 또 이런 식의 대화는 아이들에게 도움이나 지원, 방향 제시 등을 제공해주지 못했다. 그것이 바로 대화의 목적인데 말이다.

실질적으로 내가 아이들의 독서에 대해 날마다 점검해야 할 것은 오로지 그들의 독서가 잘 진행되고 있느냐 하는 것뿐이다. 책의 내용을 이해하고 있는가? 책을 즐겁게 읽고 있는가? 리딩존에 들어가 있는가? 내게서 조언이나 정보를 필요로 하는가?

그래서 나는 "읽어 보니 어떠니?"라든가 "느낌이 어때?"라는 등의 자유로운 대답이 가능한 질문을 사용하기 시작했다. 아이들이 독서인으로서의 자신의 경험에 대해 말하기 시작했을 때, 비로소 나는 의견이나 질문으로 그들을 돕고 그들의 짐을 덜어 주고 필요로 하는 것들을 가르칠 수 있었다.

우리의 대화 주제는 주로 소설의 시점과 이야기의 구성, 진행 속도, 그리고 인물 묘사 등 작문 수업과 미니 레슨에서 배운 지식을 바탕으로 할 때가 많다. 나는 다양한 질문을 던져 아이들이 자신의 문학적 기준을 확실하게 다듬을 수 있도록 돕는다. 종종 나는 아이들에게 작가가 왜 그런 결말을 택했는지 조심스러운 평가를 해보라고 요구하거나, 리딩존에 빠지지 못하는 아이들을 새로운 책이나 자유로워질 수 있는 방법으로 구출해내기도 한다.

어떤 질문들은 아이들이 독서를 계획할 수 있도록 돕는다. "지금 몇 페이지 읽고 있니?"라고 물어서 읽기 숙제를 해왔는지 알아내기도 한다. 그리고 직설적으로 물어보지는 않지만 늘 은연중에 묻는 질문은 "이 책의 주제가 무엇이니?" 하는 것이다. 나는 독서인이 책의 주제에 대해 확실히 깨달으려면 책을 다 읽고 소화가 될 때까지 기다려야 한다는 것을 알게 되었다.

문학교육자인 마가렛 미크는 이렇게 말했다. "우리가 진행해 온 독서 연구를 통해 깨달은 것은 단 하나뿐이다. 즉 좋은 독서인은 그들을 응원하고 돕는 친구들로 인해 문학의 길을 걷게 되며, 믿

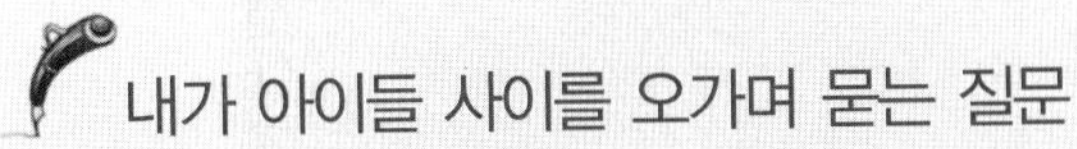

내가 아이들 사이를 오가며 묻는 질문

항상 묻는 질문 |

지금 몇 페이지 읽고 있니?

종종 묻는 질문 |

읽어 보니 어떠니?

어떤 책이니?

지금 무슨 일이 일어나고 있니?

그 외에 묻는 질문 |

미처 예상하지 못했던 일이 일어나지는 않았니?

○○ 부분을 읽었을 때 어떤 느낌을 받았니?

주인공에 대한 질문 |

이 책의 주인공은 누구니?

주인공은 어떤 사람이니?

주인공이 풀어야 할 문제는 뭐니?

주인공은 어떻게 묘사되어 있니? 신빙성이 있다고 생각하니?

작가에 대한 질문 |

이 책을 쓴 사람은 누구니?

작가의 문체에 대해서 어떻게 생각하니?

이 작가에 대해 아는 게 있니?

왜 이렇게 썼는지 생각해 보았니?

이 책을 작가의 다른 책과 비교해 볼 때 어떤 것 같니?

비평적 질문 |

이 책의 장르는 뭐니?

같은 주제에 대한 다른 책과 비교해 볼 때 어떠니?

신빙성이 있는 이야기니?

진행 속도는 어떠니?

이야기는 어떻게 서술되었니? 그 방식이 효과적이라고 생각하니?

대화 / 구성 / 각 장의 길이 / 회상 장면 / 시의 삽입 / 사용된 말투 /

작가의 시도 등에 대해서 어떻게 생각하니?

대중소설인 경우의 질문 |

이 책이 (문학적인 책과 비교해서) 흥미진진하게 여겨지는 이유는 뭐니?
어떤 점이 눈에 띄니?
형식이 뻔해서 다음에 무슨 일이 일어날지 예상하기가 쉽지 않니?

과정에 대한 질문 |

왜 이 책을 골랐니?
벌써 이만큼이나 읽었구나! 읽은 부분에 대해 좀 이야기해 주렴.
이 책을 다시 읽기로 결정한 이유는 뭐니?
이 책을 어디서 알게 됐니?

리딩존에 들어가지 못하는 경우의 질문 |

이 책을 읽으면 리딩존에 들어가게 되니?
이 책을 읽는 데 이렇게 시간이 걸리는 이유가 무엇일까?
질질 끄는 부분은 건너뛰어 읽는 것은 어떨까? 묘사만 가득한 부분이라든가?
단어가 어려워서 이해가 안 가는 거니? 아니면 사건 자체가 이해하기 어려운 거니?
이 책을 그만 읽고 싶지는 않니? 아직도 재미가 없다면 그만둬도 돼. 나중에 다시 읽어도 된단다.
줄거리만 파악하면서 대충 읽는 것은 어떠니? 혹은 마지막 부분만 읽고 더 좋은 책을 읽는 것은 어떨까?
섬데이 목록에는 어떤 책이 있니?
선생님이 네가 좋아할 만한 책들을 생각해 두었는데, 어떤 책인지 알고 싶지 않니?

다 읽은 후의 질문 |

다 읽었으니 이제 한 번 점수를 줘 보렴. 이 책은 몇 점짜리니?
북토크를 할 만한 책이니? 내일 이야기를 해보지 않을래?
다음에는 무슨 책을 읽을 계획이니?

을 만한 어른의 열정이 여기에 큰 변화를 일으킬 수 있다는 것이다"(1982년).

이제 우리에게는 독서 교육에 대한 시각과 방법이 있다. 아이들은 우리와 일대일 대화를 가짐으로써 그들이 신뢰하는 어른이 열정적으로 독서를 가르치고 있다는 것을 느낄 수 있을 것이다. 그리고 이런 대화를 통해 그들은 선생님이 책을 사랑한다는 것을 배우고, 우리의 조언이 믿을 만하다는 것을 알게 될 것이다. 모든 아이가 독서공동체의 일원이 되게 하자. 그리고 서로 응원하고 돕는 친구가 되게 하자. 식탁은 아주 크다. 커야만 한다. 모든 아이가 함께 둘러앉아 용기와 힘을 얻을 수 있도록 말이다.

남자아이들은 본능적으로 책을 싫어한다는 편견

B o y s

내가 성별을 주제로 글을 쓴다는 사실이 믿어지지 않는다. 교육에 관해 글을 쓰는 선생으로서 지난 20년간 나의 주제는 아이들이었다. 소년과 소녀들을 어떻게 하면 능숙하고 열정적이며 습관적이고 비판적인 독서가와 문장가로 키워낼 것인가. 이것이 나의 화두였다.

소년들, 소년의 위기를 말하다

그런데 소년들이 한목소리로 '소년의 위기'에 대해 말하기 시작했다. 몇 년 간의 NAEP National Assessment of Educational Progress : 국가교육향상평가 와 SAT Scholastic Aptitude Test : 대학수학능력시험 점수의 비교로 얻어진 확증에도 불구하고 남학생들은 미국 학교가 자신들을 소홀히 하고 있기 때문에 학업성취도가 떨어지고 있다고 주장한다. 같은 기간 동안 여학생들의 점수가 오르자

몇 가지 재미난 소문들이 생겼다.

첫째는, 1970년대 헌법 제9장1972년에 제정된 미국의 교육기회평등법__역주의 조례를 시작으로 여성이 지금처럼 폭넓은 교육의 기회를 갖게 된 것은 남자아이들의 기회를 빼앗은 결과라는 것이다. 둘째는, 교사들의 절대 다수가 여성이기 때문에 아무래도 여자아이들에게 더 잘 맞는 교수법과 교재를 사용하게 되고 남자아이들의 관심사와 성격과 학습 스타일에는 맞지 않는 방법으로 가르치고 있다는 것이다.

영어 교육에서 '소년의 위기'에 대한 논란과 증거는 고정관념을 만들어 내기에 충분하다. 소년 일반에 대한 것은 물론이고 특히 소년의 독서에 대해서는 더욱 그렇다. 즉 남자아이들은 책을 고립적이고 부자연스러우며 반사회적인 것으로 인식한다, 남자아이들은 허구 세계에 대한 상상력이 부족하다, 남자아이들은 미묘한 감정과 관계를 묘사하는 글에 공감하지 못한다, 남자아이들은 소설보다는 실용적인 논픽션에 더 많이 끌린다, 남자아이들은 집중력이 부족하지만 만화, 잡지, 스포츠 기사, 게임 설명서, 《기네스 세계신기록》 등을 읽을 때는 예외이다, 남자아이들의 문화는 독서를 계집아이 같은 행동이라고 여긴다, 남자아이들은 본능적으로 경쟁심이 강하고 적극적이기 때문에 독서처럼 수동적인 활동은 그들의 본성과 어긋난다, 더욱이 남자아이들의 두뇌는 언어 영역과 관련된 신경 조직이 덜 발달되어 있기 때문에 독서는 유전

적으로 남자아이들에게 불리하다는 등의 주장이 그것이다.

나는 이와 같은 '소년의 위기'에 관한 에세이나 기사, 책 등을 읽고 머리를 설레설레 흔들 수밖에 없었다. 대체 이 남자아이들은 누구일까? 내가 가르치는 아이들 중에서는 이런 고정관념에 맞는 아이를 단 한 명도 찾아볼 수 없다. 물론 내가 가르치는 아이들의 절반은 남자아이들이 분명하다.

내가 가르치는 남자아이들은 아버지와 삼촌들과 함께 사냥을 한다. 이들은 농구 · 야구 · 축구를 하고, 쥐와 흰 담비를 기른다. 쓸데없는 농담을 하고, 카드 마술을 익힌다. ATV 사륜 오토바이의 일종__역주를 몰래 운전하고, 미끼와 망을 이용해 바다가재를 잡는다. 물건을 망가트리고, 열두 시간 연속 컴퓨터 게임을 하기도 한다. 포틀랜드몰의 비디오 상점에 단골로 출입하고, 〈심슨가족The Simpsons〉 미국의 텔레비전 애니메이션 시리즈__역주과 〈사우스 파크South Park〉 에미상을 수상한 미국의 애니메이션 코미디 시리즈__역주를 시청한다. 힙합과 헤비메탈 음악을 즐겨 듣고, 차에 치어 죽은 동물을 나중에 실험용으로 사용하기 위해 가져다가 냉동한다. 그리고 이 아이들은 책을 읽는다. 이들은 책을 사랑한다.

책 읽는 소년, 캐머론

인간의 성취욕은 남녀를 불문하고 관심에 의해 자극을 받는다. 남자아이들에게 그들이 좋아할 만한 이야기와 등장인물

을 보여 주라. 그러면 열정적으로 책을 읽을 것이다. 남자아이들에게 교과서에 실린 시집과 중학생 권장 도서를 필독서로 읽혀라. 그러면 그들은 내가 중고등학교 때 그랬듯이 책읽기를 끔찍이 싫어하게 될 것이다.

남자아이와 여자아이들이 책을 직접 고른다면, 아이들이 각자 알맞은 책을 읽을 수 있도록 교사인 우리가 도와준다면, 아이들이 규칙적이고 일상적으로 책을 즐길 수 있도록 조용하고 편안한 공간을 만들어 준다면, 그러면 모든 아이가 리딩존으로 들어갈 수 있다. 그리고 아무도 테스토스테론이나 신경 조직에 대해서 신경 쓰지 않을 것이다.

가르치고 배우는 것에 대해 글을 쓰는 교사로, 내가 가진 가장 좋은 자료는 학생에 관한 이야기이다. 내 학생 중 한 명인 캐머론에 대한 간략한 소개가 책 읽는 남자아이에 대한 편견을 버리는 데 도움이 될 것이다.

캐머론은 2년간 우리 반 학생이었다. 캐머론의 아버지는 건설 현장에서 일하는 제설기 운전자이다. 어머니는 가사도우미로 일하신다. 캐머론은 운동선수이며 경쟁심이 강하고 스피드에 열광하는 아이이다. 캐머론은 우리 학교의 챔피언 테니스 선수이자 베이브 루스 올스타 Babe Ruth All-Star : 여기서는 전설의 홈런왕 베이브 루스의 이름을 딴 학교 대표 야구팀을 말한다_역주 가 되었다.

캐머론은 좀더 힘 좋은 80시시 비포장도로용 오토바이 dirt bike

를 거금을 들여 구입했다. 캐머론은 메인 주의 그린Green에서 일요일 오후 시간을 보내기를 좋아한다. 그 시간에 이 아이는 자신도 언젠가 트랙에 설 날을 꿈꾸며 오토바이 경주를 관람한다. 캐머론은 그의 형제와 친구들과 함께 골프, 축구, 익스트림 썰매타기를 포함한 스포츠도 창안했다. 익스트림 썰매타기에 대해서는 에세이도 썼을 정도이다.

학교 교지에 실린 이 에세이 이외에도 캐머론은 8학년이라 두 개의 에세이를 더 써냈다. 뿐만 아니라 많은 자유시와 라돈 가스radon gas : 라듐의 핵분열로 인해 발생하는 무색 · 무취의 가스__역주의 위험에 관한 에세이, 고등학교 지원서, 영화감상문, 그리고 겁쟁이 소년이 마침내 아이들을 괴롭히는 두 명의 친구들과 대적한다는 내용의 단편소설도 써냈다. 캐머론은 우리 학교의 졸업식 연설을 〈뒤뜰의 화산〉이란 시를 낭독하는 것으로 끝맺었다. 향수가 가득한 문체와 유머러스하면서도 감상적인 묘사, 주제가 담겨 있는 이 시는 성인기에 들어서고 있는 소년, 캐머론에 대하여 많은 것을 보여 준다. 나는 이 시가 캐머론의 본질을 잘 표현해 냈다고 생각한다.

캐머론은 남자아이지만 앞에 언급된 고정관념 속의 남자아이들과는 다르다. 캐머론은 자신의 읽고 쓰는 능력을 십분 활용하여 과거의 자신과 현재의 자신, 그리고 미래의 자신을 가늠한다. 캐머론은 언젠가 훌륭한 남편이자 아빠, 그리고 멋진 남자가 될 것이다. 왜냐하면 캐머론은 글을 쓰고, 무엇이 중요한지를 알며, 주

익스트림 썰매타기

캐머론 블레이크 지음

나는 아이들을 밀치고 수학/과학 교실 문 가까이에 모여 있는 아이들 쪽으로 갔다. 그중 나는 무리의 맨 앞에 섰다. 우리는 따뜻한 봄기운 속으로 뛰어들고 싶은 충동을 억누르며 교실 문의 차가운 금속 손잡이를 꼭 잡고 있었다. 긴 시간이 흐른 뒤, 마침내 보조 교사가 나타나 휴식 시간을 알렸다.

즉시 나를 포함한 무리의 아이들은 곧바로 회색 창고를 향해 내달렸다. 나는 코너를 돌아 녹슨 문을 열었다. 우리는 각자 쌓여 있는 썰매를(미국 어느 곳에서도 5월에는 보기 드문 일일 것이다) 낚아채서 헛간을 향해 나 있는 좁은 길로 달음박질쳤다.

그곳에 도착한 우리는 헛간 뒤에 있는 가파른 비탈길을 둘러보았다. 잔디로 뒤덮인 언덕 위로 예전에 우리가 지나간 자국들을 유심히 살펴보았다. 어제의 흔적들은 아무도 손대지 않은 듯 여전히 맨 위쪽에 남아 있었다.

아이들은 썰매를 타기에 적당한 위치로 기어오르기 시작했고, 나는 어느새 가운데 줄에서 기다리고 있는 내 모습을 발견했다. 마침내 내 차례가 왔고, 나는 출발점에 서서 내가 썰매 타는 모습을 그려보았다. 뒤에 서 있던 아이들이 빨리 서두르라며 소리를 쳤다. 나는 재빨리 썰매에 뛰어올라 자리를 잡았다.

이제 나는 몸을 앞으로 기울이고 발을 구르며 첫 슬로프를 타기 시작한다. 처음에는 울퉁불퉁한 자갈밭에서 천천히 출발했지만 납작해진 잔디 위에서부터 속도가 붙기 시작했다. 나는 비탈길을 가로지르며 이런저런 바위와 둔덕과 구멍을 피해 언덕 아래까지 가는 동안 모든 장애물을 통과했다.

반쯤 내려왔을 때 나는 진흙 덩어리와 부딪혔고, 내 썰매는 경로를 이탈해서 옆 트랙으로 미끄러졌다. 나는 스티븐의 썰매 뒤를 꽉 잡았고, 그 역시 경로에서 이탈했다. 다행히 우리는 가장자리에 부딪혔다.

내가 다시 옆쪽으로 썰매를 돌리는 순간 급강하하기 시작했다. 나는 녹색, 파랑색, 녹색, 파랑색, 녹색, 파랑색을 보며 언덕 아래로 굴러 떨어졌고, 언덕 아래에서 고꾸라지면서 마지막 녹색을 보았다. 내가 잠시 납작하게 엎어져 있는데, 다시 언덕 위로 돌아가 썰매타기를 시작하려는 스티븐의 모습이 보였다.

나는 벌떡 일어나 썰매를 잡고 재빨리 한쪽으로 비켰다. 그리고 가파른 언덕을 성큼성큼 걸어 올라갔다. 나는 정상에 도착하자마자 다시 트랙으로 뛰어들었다. 나는 계속해서 가파른 경사 위에서 썰매를 타고 또 탔지만, 대부분 언덕 아래에서 고꾸라졌다.

종이 다시 울리자 나는 투덜대며 학교 쪽으로 걸어가기 시작했다. 내 옷은 잔디 얼룩으로 뒤덮여 있었다. 창고 안의 썰매더미에 너덜너덜해진 썰매를 던져놓고 나서야 나는 짙은 녹색 물이 든 내 팬티를 엄마가 보시고 무슨 생각을 하실지 걱정이 되기 시작했다. 하지만 낸시 선생님이 학교 현관에서 우리를 부르며 소리 내어 책 읽는 수업을 시작해야 한다고 말하는 순간 내 걱정은 증발해 버렸다.

이 스포츠는 그해 내내 휴식 시간 때마다 계속되었다. 겨울철에 얼어붙은 잔디 위의 빙판에서 썰매를 탈 때가 가장 위험했다. 지금 뒤돌아보면 잔디 위에서나 빙판 위에서나 그 가파른 언덕에서 어떻게 썰매를 탔는지 상상이 가지 않는다. 우리는 여러 번 오르락내리락하는 것에 개의치 않았고, 우리의 믿음직한 플라스틱 썰매는 우리에게 너무나 많은 즐거움을 주었다.

변 세상에 대해 자신만의 생각과 느낌을 갖고 있고, 그것을 글로 포착해 내기 때문이다.

캐머론을 가르친 교사들은 이 아이가 그렇게 될 것이라 기대했으며, 그 방법을 가르쳐 주고 글을 쓸 시간도 주었다. 또 캐머론에게 여러 시인과 작가들을 소개하여 글을 잘 쓰는 방법뿐만 아니라 왜 글을 써야 하는지, 그 이유까지 깨닫게 했다.

독서가로서 캐머론은 8학년 동안 30권의 책을 읽었다. 그가 읽은 책은 모두 아홉 개의 장르로 나뉜다. 청소년 사실 소설, 자서전, 저널리즘, 판타지, SF과학 소설, 미스터리, 스포츠 소설, 반전 소설, 그리고 시전집 등이다. 청소년 도서에 대한 식견이 있는 사람이라면 캐머론의 선택이 현명하고 문학적이라는 사실을 인정할 것이다. 대부분이 좋은 평가를 받은 작품들이고, 캐릭터를 설득력 있게 전개하는 방법을 알고 재미있는 갈등 상황을 만들어 내어 분명한 주제에 멋진 이야기를 창조하는 작가들이 쓴 책들이기 때문이다.

그 해 캐머론이 가장 좋아했던 두 책은 그레고리 갈로웨이의 《눈처럼 담백하게 As Simple as Snow》와 네드 비찌니의 《재미있는 이야기 It's Kind of a Funny Story》였다. 마지막 자기평가에 캐머론은 이렇게 썼다.

"갈로웨이는 흥미롭고 미스터리한 이야기를 창조해 낸다. 미스터리의 해결책에 대한 실마리를 주지만 확실한 실마리가 아니기 때문에 독자들은 이야기 내내 추측과 생각을 계속하게 된다. 갈로웨이는 또한 믿을법한 사건을 설정하고 실제로 있을 것만 같은 독특한 성격의 캐릭터를 창조해 낸다."

《재미있는 이야기》에 대한 감상은 다음과 같았다.

"등장인물들이 모두 강렬하고 절대로 잊을 수 없는 캐릭터였다. 주인공에 대해 많은 감정을 느끼면서 그와 유대감을 가질 수 있었다. 설명적이고 감각적인 언어는 뚜렷하고 강한 시각 효과를 일으켰다. 흥미로운 줄거리, 정체성과 목적의식에 관한 강력하고 의미 있는 주제가 인상적이었다."

캐머론은 피트 오트먼의 《가드리스 Godless》와 《인비저블 Invisible》, 윌 위버의 《메모리 보이 Memory Boy》, M. T. 앤더슨의 《피드 Feed》, 머라이어 프레데릭스의 《예배 시간 Crunch Time》, 프랜신 프로스의 《애프터 After》, 칼 듀커의 《하이 히트 High Heat》, 토비아스 울프의 《이 소년의 삶 This Boy's Life》, 팀 오브라이언의 《컴뱃존에서의 죽음 If I Die in a Combat Zone》, 브렌트 룬욘의 《번 저널 The Burn Journals》, 제이크 콜번의 《프렙 Prep》, 존 코이의 《크랙백 Crackback》, 월터 딘 마이어의 《추락 천사 Fallen Angels》, 《냉혈인 In Cold Blood》, 《호밀밭의 파수꾼 The Catcher in the Rye》, 《총을 든 쟈니 Johnny Got His Gun》, 데이비드 루바의 세 편의 소설, 브라이언 터너가 이라크에서의 군대 경험을 바탕으로 쓴 시선집 《불렛 Here, Bullet》 등에 높은 점수를 주었다.

뒤뜰의 화산

캐머론 블레이크 지음

나는 갈색 손잡이를 잡고
나무로 된 링을 타고 올라갔어
나는 결심하고
뜨거운 용암 위에서 덜렁이는
첫 번째 그네를 끌어올렸지

핸들을 꼭 잡고 버티면서
발판에서 몸을 띄웠어
몸이 하강하고
다시 균형을 잡을 때까지
나는 죽기살기로 꼭 매달렸어
그러고는 녹아내리는 고무의자 위에
한 발로 섰지

이젠 돌아갈 수 없어

다시 조심스럽게 마지막 그네에 오른다
거의 반쯤 왔지
다시 그 끔찍한 링을 오른다
링은 내가 그 뜨거운 오렌지와 레드의 바다에 뛰어들 때
마지막 내 모습을 기억할 거야
(다음날 내가 다시 올 때까지)

나는 거의 떨어질 지경이 될 때까지
팔을 뻗는다
소용없다
이제 나는 몸무게를 실어서
이쪽저쪽, 저쪽이쪽으로
흔들흔들
저 멀리 날아오른다
플라스틱 도넛을
마침내 잡을 수 있을 때까지

재빨리 마지막 도약을
두 번째 링에 매달려서
최대한 높이 뛰어올랐지
하지만 너무 늦었다
내 헐렁한 스니커는 타오르는 화산의 표면을 스치더니
뜨거운 오렌지 액체 안으로
영원히 사라졌다

하지만 그래도 그네를 잡았어
가장 쉬운 장애물이지
얇은 금속봉을 잡은
내 두 손이 미끄러지고
내 두 발은 마침내 발판에 놓이고
부드러운 모래 위로 뛰어내렸다
나는 해냈어

나는 떨어진 내 신발을 집어 들고
집 안으로 돌아왔지
성공적인 모험
나는 화산을 정복한 거야
지금은 10월의 어느 쓸쓸한 날
갈퀴 끝에 달린 여러 개의 손가락이
얼어붙은 땅을 파고들고
나는 첫눈이 내리기 전
낙엽을 모으네

마침내 잔디의 마지막 모퉁이
그네가 있었던 바로 그곳
내 어린 시절의 기억들이 머물러 있는 곳
하지만 돌아보면 보이는 것은
모래상자 안에 듬성듬성 나 있는 잡초들뿐
그네 하나가 고리에서 떨어져 버리고
모험과 흥분은 사라지고
용암도 사라지고

남은 것은 다만
어두운 나무 파편뿐

캐머론은 조이스 맥도날드의 《스왈로잉 스톤Swallowing Stones》과 론 코에츠의 《브림스톤 저널The Brimstone Journals》에만 7점을 주고, 나머지 책에는 모두 8점 이상을 주었다. 캐머론은 어떤 책도 읽다가 그만두지 않았다. 캐머론은 "북토크를 통해서 아이들의 의견을 들었기 때문에 어떤 책이든 고르는 순간부터 이미 재미있는 책이라는 것을 굳게 확신했어요"라고 말했다.

8학년의 10월과 6월 사이에 캐머론은 나와 친구들에게 독서 편지를 여러 번 썼다. 다음은 《하이 히트》에 대해서 캐머론이 내게 보낸 독서 편지이다. 이 편지는 책의 주제가 남자아이들에게 얼마나 중요한지를 보여 주는 좋은 예라고 생각한다. 캐머론은 야구 경험이 있기 때문에 듀커의 야구 글에 공감하며 감상문을 쓸 수 있었다.

9월 25일

낸시 선생님께,

저는 최근에 칼 듀커의 《하이 히트》를 다 읽었습니다. 참 잘 쓴 스포츠 소설이라고 생각해요. 지금까지 읽어 본 이 장르의 책 중에서 최고였어요.

듀커가 게임을 끝내려고 하는 투수의 감정과 생각을 정확하게 표현했다고 생각해요. 또 실제로 제가 투수이기 때문에 주인공 셰인이 마운드에 서서 경기를 끝내려고 할 때 공감 가는 부분들이 많았어요. 정확한 야구 표현과 전문 용어를 사용한 듀크의 글이 좋았어요. 듀크가 얼마나 잘 표현했는지 여기 한 구절을 옮겨 볼게요.

나는 주자들을 견제한 후 잠시 숨을 돌리고 공을 던졌다. 나는 빠른 직구를 본루 중앙으로 던지려고 했으나 공이 안쪽으로 날아갔다. 리스는 재빨리 타석 바깥쪽 뒤로 물러섰다. 그러던 중 헬멧이 흘러내렸다. "원 볼!" 심판이 외쳤다. 쇼어레이크 고등학교 쪽에서 야유하는 소리가 들렸다. "이봐 꼬마, 제대로 보고 던져!" 누군가 소리쳤다.

나는 글러브를 벗고 야구공을 문질러 비볐다. 그리고 투수석으로 다시 올라갔다. 골드는 한 손가락을 아래로 내렸다. 이번에는 바깥쪽 코너 투구였다. 나는 팔을 들고 골드의 글러브에 초점을 맞춘 다음 공을 던졌다. 리스는 공을 치지 않았다. "원 스트라이크!" 심판이 소리쳤다.

골드는 공을 나에게 다시 던졌다. 나는 다음 사인을 기다리면서 리스의 발을 보았다. 리스는 타석에서 움직이지 않았다. 골드는 또 바깥쪽 코너의 속구를 지시했다. 다시 한 번 팔을 들고 주자들을 확인하고 던졌다. 나의 팔이 강하게 느껴졌다. 공이 본루 쪽

으로 발사되었다. "투 스트라이크!" 심판이 외쳤다.

"그건 볼이야!" 쇼어레이크 고등학교의 몇몇 부모들이 소리쳤다.

"스트라이크 하나 더!" 그랜드슨이 외쳤다.

리스는 타석 밖으로 나가 야구장갑을 고쳐 끼고 다시 타석으로 들어섰다. 리스는 이번만은 본루 쪽으로 가까이 섰다.

나는 리스가 무슨 생각을 하는지 알 수 있었다. 리스는 바깥쪽 코너의 속구를 기대하고 있었다. 만약 내가 그 공을 던진다면 리스는 오른쪽 외야로 안타를 날리려고 할 것이다.

나는 사인을 기다렸다. 골드는 또 다른 속구를 지시했다. 나는 끄덕였지만 이번에는 바깥쪽으로 던지지 않았다. 안쪽 속구를 던져서 리스를 스트라이크아웃시킬 것이다. 그것이 내가 해야 할 일이었다. 나는 팔을 올려서 주자들을 견제한 후 공을 던졌다. 공은 내 손 밖으로 날아갔다. 낮은 속구가 안쪽으로 선을 그리며 날아갔다. 리스는 공에 맞을 것 같았는지 껑충 뒤로 물러났다. 잠시 동안 심판이 아무 말도 없었다. 마침내 심판이 손을 들었다. "쓰리 스트라이크!" (270, 271페이지)

저는 듀크가 아버지의 자살 후에 10대 아이가 가질 수 있는 감정과 생각도 잘 잡아냈다고 생각해요. 듀크는 그 자살 사건이 주인공의 가족과 그들의 정신 상태와 생활 등에 어떻게 영향을 끼쳤는지 잘 보여주고 있어요.

저는 《하이 히트》의 결론이 의미심장하고 만족스러워요. 이 책을 야구선수나 스포츠 소설 팬들에게 추천합니다. 저는 10점을 주고 싶어요.

캐머론 B. 올림

캐머론은 또 다른 독서 편지의 주제가 된 소설책, 《인비저블》의 주인공과는 아무런 공통점이 없다. 이 편지에서 캐머론은 저자 피트 오트먼의 문체를 다른 청소년 도서와 비교 분석하면서도 감동을 표현하는 것을 잊지 않았다. 다음은 캐머론이 《인비저블》을 읽고 내게 보낸 편지이다.

11월 4일

낸시 선생님께,

저는 최근에 피트 오트먼의 소설 《인비저블》을 읽었어요. 이 책은 확실히 10점짜리예요. 재미있게 읽었던 《가드리스》와 같은 오트먼의 책을 더 읽고 싶어 견딜 수가 없었어요. 가장 두드러졌던 것은 오트먼이 묘사한 더글라스의 정확하면서도 독특하고 기이한 성격이었어요. 그리고 더글라스가 자신이 만든 다리에 얼마나 집착하는지, 매드함 기차 마을 모형을 얼마나 소중히 생각

하는지를 정말 훌륭하게 보여 주었어요.

이 부분을 설명하기 위해 아래 문단들을 발췌했어요. 이 글은, 영어 선생님이 더글라스가 쓴 에세이에 대해 그에게 말하는 부분이에요. 이 대화와 더글라스의 생각과 감정들은 그가 어떤 사람이지 잘 보여 줘요.

"만약 네게 별로 중요하지 않은 주제로 글을 쓰라고 했다면, 분명 네 글은 더 명백하고 읽기도 쉬웠을 거야. 네 숙제에도 비슷한 지적을 했는데, 선생님이 세 장 분량의 글을 써오라고 했을 때는 서른 장 분량의 논문을 써오라는 말이 아니었다는 것을 상기시켜 주고 싶구나."

"그림과 사진만 있는 페이지도 있어요."

"그래, 맞아. 그렇다 하더라도 너는 5,000단어나 썼더구나."

"4,913개예요." 이것은 17의 3승이지만 귀찮게 하우톤 선생님에게 말하지 않기로 했다.

"점수를 더 받고 싶으면 에세이를 더 길게 써도 된다고 선생님이 말씀하셨잖아요."

"내가? 음, 글쎄, 아마 그랬을지도…. 하지만 더글라스, 앞으로는 제발 다른 주제에 대해서도 생각해 봐. 내가 말하고 싶은 건 그게 다란다."

보시다시피 하우톤 선생님은 생각이 분명치 않은 사람이다. 선생님이 하는 말은 사실 거의 이치에 맞지 않는다. 다음은 하우톤 선생님이 내 에세이에서 빼버리고 싶어하는 유용한 정보들이다.

다리의 총 길이는 3.33미터. 주 교각의 길이는 2.34미터. 다리의 넓이는 7센티미터. 수면 위에서의 높이는 12센티미터. 탑의 높이는 34센티미터. 메인 케이블의 숫자는 2. 메인 케이블의 재료는 4분의 1인치 길이의 오렌지색 나일론 밧줄. 세로 보의 숫자는 391. 세로 보의 재료는 오렌지색으로 염색된 무명실 끈. 사용된 실의 길이는 6,092센티미터. 사용된 성냥개비의 수는 8,600개. 사용된 물감은 광택 있는 인터내셔널 오렌지색 에나멜과 광택 없는 옅은 회색 에나멜.

내가 이미 말했는지 모르겠지만, 글을 쓰는 것과 다리를 건설하는 것은 같은 것이라는 선생님의 말씀은 정말 틀렸다. 글을 쓰는 것과 다리를 건설하는 것은 사실 많이 다르다. 나는 두 분야에 다 뛰어나기 때문에 잘 알고 있다(54, 55페이지).

이 부분은 더글라스의 성격이 어떤지, 그가 실제 인물이었다면 어땠을지, 그리고 그의 성격이 얼마나 강박적인지를 정말 잘 보여주고 있다고 생각해요.

아래 글은 정말 놀랍고 충격적이었어요.

"더글라스, 앤디는 더 이상 우리와 함께 있지 않아. 너도 알잖아."

나는 그녀를 노려보았다. 그녀는 정말 틀렸다. 그녀는 자신이 얼마나 잘못 알고 있는지 모른다.

"앤디 모로우는 3년 전에 죽었어, 더글라스. 너도 기억하잖아, 그렇지?"

나는 눈을 감았다. 불길이 뜨거웠다.

"더글라스?"

"왜?"

"앤디는 죽었다고."

개인적으로는 이 부분이 읽었던 책 중에서(《헝겊과 뼈 가게 The Rag and Bone Shop》의 결말보다 더욱 더) 가장 충격적이고 가장 예상하지 못한 대반전이었어요. 동시에 이 부분은 독창적이면서도 매우 강력한 반전이라고 생각했어요. 이야기 속에서 정말 일어나는 일인지 확인하려고 두세 번이나 읽었어요.

결론적으로 이 책은 정말 잘 쓴, 놀라운 감동을 주는 책이라고 생각해요. 사실주의 소설이라면 뭐든 좋아하는 사람에게 이 책을 추천합니다. 저는 하우트만이 위대하고 설득력 있는 작가라고 생각해요. 선생님은 《인비저블》과 이 책의 반전과 결론에 대해서 어떻게 생각하시나요?

캐머론 B. 올림

캐머론은 《하이 히트》, 《인비저블》, 그리고 8학년 때 읽은 다른 모든 책을 독서 교실 문고에서 빌려 읽었다. 대부분이 반 친구들이나 내가 북토크에서 언급한 두꺼운 책들이었다. 캐머론은 공책의 섬데이 페이지에 괜찮다고 생각하는 각각의 책 제목들을 메모했고, 다음 책을 선택할 때마다 그 목록을 확인할 수 있었다. 나는 개인적으로 독서 수업 중에 낮은 목소리로 캐머론에게 《메모리 보이》, 《컴뱃존에서의 죽음》 등을 추천했고, 캐머론의 친구인 린콜과 네이트는 그에게 《하이 히트》와 《피드》에 대해 말해 주었다.

캐머론이 읽은 《크랙백》은 고등학교 축구선수가 스테로이드 복용에 대한 압박감을 느끼는 내용이었는데, 이 책은 내가 특별히 그 아이를 염두에 두고 산 것이었다. 내가 캐머론에게 이 소설을 먼저 검토해 줄 수 있느냐고 물었을 때 그는 선뜻 응해 주었다. 다 읽은 후 캐머론은 이 책에 10점을 주고 책에 대해 발표했다. 캐머론은 대부분의 동성 친구들처럼 자신이 읽은 대부분의 책을 아워 북 진열대에 꽂아 놓았다.

"나는 내 마음에 와 닿는 책들을 선택한다"

8학년 동안 캐머론이 속한 반의 남자아이들은 평균적으로 40권을 읽었다. 캐머론은 적게 읽은 편에 속한다. 너새니얼은 69권을 읽었다. 우리는 정말 많은 책을 읽고 이야기하며, 정보를 교환하고 토론을 했다. 캐머론과 그의 친구들은

남자아이들이 좋아할 만한 인물과 사건과 주제가 있는 내용에 쉽게 다가갔다. 이런 이야기들은 독서를 능동적인 경험으로 만들었다. 남자아이들은 오자미의자에 앉아 뒤척이지 않고 자신의 상상력과 함께 자유로운 모험에 빠져들었다.

나는 학교 웹사이트에 있는 청소년 추천 도서 목록을 남학생과 여학생별로 나눠 놓았다. 일반적으로 남학생과 여학생의 책 선호도가 다르기 때문이다. 중학생이 될 무렵이면 남녀 학생들이 공통으로 선택하는 책은 20퍼센트에 불과하다. 나는 여자 선생님이기 때문에 여학생들이 좋아하는 청소년 작가들을 나 역시 사랑한다. 그중 한 명인 새러 데슨은 천재적이어서 나는 그녀를 피츠제랄드, 헤밍웨이, 디킨스, 스타인벡, 트웨인만큼이나 좋아한다.

나는 내가 가르치는 남자아이들이 리딩존을 발견할 수 있도록 책임지고 도와야 한다. 즉 이들이 스스로 책에 흥미를 느낄 수 있게 해야 한다. 나는 허구이든 사실이든 남자아이들이 기꺼이 읽을 만한 이야기를 발견하면 그저 읽도록 유도할 뿐이다.

아이들에게 책을 던져 준 다음에는 이들을 북토크 시간으로 초대한다. 나는 아이들이 좋아하는 책을 찾아내고 기억할 수 있도록 섬데이 페이지 작성법을 보여 준다. 나는 이 책들이 독서 교실 문고에 찾기 쉽게 정리되어 있는지 살피고, 수업 시간과 집에서 꼭 읽을 것을 요구한다.

나는 많은 숙제나 필독서로 아이들의 독서를 방해하지 않는다.

또 아이들과 독자 대 독자로 이야기를 나누고, 문학에 대한 나의 지식 이외에는 어떤 생각도 주입하지 않는다.

캐머론을 만나 낸시 앳웰이 선생으로서 어땠는지 물어 본다면, 아마 그 아이는 "예, 그 선생님은 꽤 괜찮았어요"라고 말할지도 모르겠다. 캐머론은 2년 동안 내 학생이었고, 그 아이가 나와 눈을 맞추게 하기까지 힘든 시간을 보냈다. 캐머론이 대화를 시작한 것이 언제였는지도 모르겠지만, 중학교에서 그가 좋아한 과목은 수학과 물리였다. 간단히 말해, 독서가인 캐머론은 나를 위해서 책을 읽지 않았다. 그 아이는 스스로의 만족을 위해서 책을 읽은 것이다.

독서가로서 캐머론의 장점은 그의 마지막 자기평가에 잘 기술되어 있다. "나는 내 마음에 와 닿는 책들을 선택한다. 나는 나에게 다양함을 줄 수 있는 새로운 저자, 장르, 주제들을 탐험하고 시도한다. 덕분에 나는 내가 좋아할 수 있는 새로운 캐릭터와 작가와 장르를 발견할 수 있었다. 나는 내가 좋아하지 않는 책이나 공감할 수 없는 책들은 읽지 않는다."

자, 여기에 소년 독서가가 있다. 캐머론은 자기가 무엇을 좋아하는지 알고 있다. 그는 선택하고 거부한다. 그는 완고하고 호기심이 있으며 목적이 있다. 그는 허구이든 사실이든 새로운 경험과 몰두할 일과 다양한 캐릭터와의 체험을 찾고 있다. 그는 남자 주인공이 등장하는 이야기를 원한다. 그는 좋은 독서 습관을 갖고

있다. 그는 술술 읽는다. 그는 비판적으로 사고한다. 다만 지금 고등학교에 입학한 캐머론은 9학년의 영어 수업 커리큘럼이라는 위험에 직면해 있을 뿐이다.

리딩존에 들어가는 문에는 빗장이 걸렸다. 이제 캐머론은 같은 상황에 처한 아이들과 함께 책도 없고 시간도 없는 곳에서 자신만의 방법을 찾아야 한다. 우리 학교를 졸업한 후 캐머론은 나의 독서 교실 문고에서 자신의 섬데이 목록에 있던 책 한 권을 빌려갔다. 존 크라카우워의 《인투 씬 에어 Into Thin Air》라는 책이었다.

하지만 캐머론은 전혀 읽을 시간이 없었다. 여름방학 내내 두 편의 비평 에세이를 쓰고, 지정된 신입생 필독서를 읽은 후 각각에 대하여 20페이지 분량의 분석표를 만들어야 했기 때문이다. 언젠가는 캐머론이 다시 리딩존으로 돌아올 수 있기를 간절히 기도한다. 하지만 독서를 기꺼이 행운에 맡기고자 하는 사람이 너무나 많으니 내 마음이 몹시 부대낀다.

독서의 목적과 의미를 빼앗긴 아이들

High School

우리 학교를 졸업하고 고등학교에 진학한 제자들과 마주칠 때 내가 절대로 해서는 안 되는 질문이 있다는 것을 알게 되었다. 바로 "요즘은 무슨 책을 읽고 있니?"라는 말이다.

8학년 때 무려 124권의 책을 읽었던 여학생에게도, 《전갈의 아이 The House of the Scorpion》와 《애프터 After》를 비롯해서 《멋진 신세계 Brave New World》, 《시계태엽오렌지 A Clockwork Orange》, 《1984》와 《시녀 이야기 The Handmaid's Tale》에 이르기까지 디스토피아풍의 SF과학 소설을 모조리 섭렵했던 남학생에게도, 그리고 우리 학교로 전학 온 열두 살 때까지 단 한 번도 직접 책을 고르거나 읽어 본 적이 없다가 무려 64권의 애독서와 함께 자랑스럽게 졸업했던 학생에게도, 나는 이 질문을 하지 못한다. 이미 그들의 대답을 알기 때문이고, 그런 대답을 듣는 것이 심란하기 때문이다. 그들의 대답

은 한결같다. "아무 책도 못 읽고 있어요. 영어 숙제를 하기에도 시간이 모자란 걸요."

성인의 문턱에서 아이들의 행복한 책읽기는 멈춰 버린다

우리 학교를 졸업한 후 아이들은 메인 주의 공립학교나 사립학교, 혹은 타 지역의 사립기숙사학교 등 여러 종류의 고등학교로 진학한다. 어디로 진학하든 그때부터 4년간 그들의 행복한 책읽기는 멈춰 버린다. 책을 읽는 일보다 영어 과목을 공부하는 일이 더 중요해지기 때문이다. 이 4년 동안 놓쳐 버린 독서의 기회와 그 많은 시간의 낭비는 생각하면 생각할수록 슬픈 일이 아닐 수 없다.

아이들은 이제 막 성인의 문턱에 다다랐고 그 의미를 이해하려고 노력하고 있다. 그런데 학교는 이들을 끊임없이 제한적이고 고된 독서 안에 가둬두려고 하니, 독서의 목적과 의미를 빼앗긴 아이들은 이제 행복한 책읽기와 그 만족감을 잊어버리고 앞으로 4년간 꼼짝 없이 '영어 공부를 해야 한다.'

그래도 고등학교를 졸업한 후 일부 아이들은 다시 리딩존으로 돌아와 예전에 경험했던 충만한 독서의 기쁨을 되찾을 수 있을 것이다. 또 얼마 되지는 않아도 운이 좋은 아이들은 여름방학을 이용하여 능숙하고 열정적이며 습관적이고 비판적인 독서가로서의 정체성을 이어나갈 것이다.

나는 가끔 졸업한 제자들에게 연락을 취하여 고등학교에서의 독서는 어떤지 물어 본다. 제자들의 대답 속에는 한때는 분명히 나처럼 문학에 대한 사랑 때문에 교편을 선택했을 교사들이 등장한다. 교육 패러다임에 갇혀서, 그리고 부시행정부의 학력표준화 운동이라는 명목하에 어쩔 수 없이 고등학생의 행복한 책읽기를 부정할 수밖에 없는 처지에 놓인 가여운 사람들이다.

이 장은 고등학교에서 교편을 잡고 있는 나의 동료 교사들을 향한 간절한 메시지이다. 아이들을 위해, 그리고 책을 위해 제발 고등학교 영어 교육의 현주소를 바꿔주기 바란다. 우리는 이미 NAEP National Assessment of Educational Progress : 국가교육향상평가 나 SAT Scholastic Aptitude Test : 대학수학능력시험, PISA Programme for International Student Assessment : 국제학력비교평가 등의 시험에서 고득점을 올리는 학생들로부터 충분한 확신을 얻었다.

행복한 책읽기가 학생들의 읽기능력표준고사 점수에 미치는 영향을 조사한 지금까지의 결과는, 오히려 독서 시간이 많을수록 학업성취도도 높다는 것을 입증해 주었다. 또 독서량이 많은 학생들은 과학과 수학 과목에서도 표준고사 점수가 높았다. 실제로 미국의 상위 5퍼센트 학생들은 하위 5퍼센트를 차지하는 학생들에 비해 무려 144배나 많은 시간을 독서에 투자한다고 한다.

학생들에게 올바른 방식으로 올바른 책을 가르치기 위해 우리는 분명 교과 과정을 준수해야만 한다. 하지만 우리 교사들은 학

생들과 만나는 그 짧은 시간 동안 우리가 학생들의 인생에 미치는 영향 또한 생각해야 한다. 평균적으로 고등학교 영어 교사들은 매주 50분 길이의 수업을 다섯 번 가르친다. 우리가 스스로에게 물어야 할 중요한 질문은 다음과 같다. "주어진 시간 안에 우리가 해야 할 것은 무엇인가? 학생들을 능숙하고 열정적이며 습관적이고 비판적인 독서가로 키우기 위해 우리가 버려야 할 것은 무엇인가?"

즐거운 교양인, 데이빗

데이빗의 이야기를 해보려고 한다. 나는 데이빗이 고등학교 1학년을 마칠 무렵 함께 이야기를 나누었다. 데이빗은 7, 8학년 동안 75권의 책을 읽었고, 근래의 청소년 사실 소설, SF과학 소설, 판타지 소설을 좋아하는 아이였다. 좋아하는 작가는 M. T. 앤더슨, 고든 코르만, 조나단 스트라우드, 로버트 맥카몬, 데이빗 세다리스, 댄 브라운, 그리고 마이클 크라이튼 등으로 청년층을 대상으로 한 작가와 인기 작가들이 골고루 섞여 있었다.

데이빗은 마지막 자기평가에서 독서인으로서의 자신의 장점에 대해 다음과 같이 썼다. "나는 독서를 좋아하고, 내가 좋아하는 책을 친구들에게 추천하며, 다른 이들의 추천을 통해 새로운 책을 찾는다. 나는 다양한 장르의 책을 읽고, 빠른 속도로 이해하며 책을 읽는다. 읽다가 내게 맞지 않는다 싶은 책은 읽기를 멈춘다. 이제 나는 좀더 과도기적인 책이나 성인용 책을 읽는다. 나는 매일 있는 시토론회에도 좋은 아이디어를 보태며 매우 적극적으로 참여하고 있다."

나는 최종적으로 데이빗을 '즐거운 교양인'이라고 평했다. 데이빗은 주관을 가지고 습관적으로 책을 읽으며, 다음에 읽을 책도 미리 계획한다. 이 아이의 날카로운 직관력은 반에서 토론회가 있을 때마다 나를 포함한 모두에게 새로운 가르침을 주었다.

데이빗은 스케일이 큰 내용과 진지한 주제에 매료되었고 그것을 즐길 줄 알았다. 좋아하는 시인은 빌리 콜린스, E. E. 커밍스, 테드 쿠저, 메리 올리버, 윌리엄 카를로스 윌리엄스 등이었다. 간단히 말해 데이빗은 적극적이고 열성적이며 위트가 넘치는 문학적인 학생이었다. 이 아이가 독서인으로서 발전해 갈 모습을 상상하는 것만으로도 나는 아주 흥분이 되었다.

고등학교로 진학한 첫 해에 데이빗은 여섯 권의 책을 읽었다. 세 권은 지정 도서였고, 나머지 세 권은 선생님이 제시해 준 목록에서 그가 고른 책들이었다. 데이빗은 이 책들을 가지고 독후감을 써야 했다. "제가 얼마나 책읽기를 좋아했는지 기억하시죠?" 그 아이가 말했다. "그런데 이제는 정말 싫어졌어요. 학교에서는 좋은 책을 읽히지 않아요. 책을 전부 읽는 법도 없어요. 늘 장별로 분리해서 읽거나 단편을 읽은 후 숙제를 내주어요. 그러고는 시험을 보고 토론을 해요. 수업 중에는 책을 읽는 시간을 전혀 주지 않

아요. 독후감은 정말이지 쓸모가 없어요. 책에 대해 배우지도 않고 책에 대해 어떻게 생각해야 하는지도 배우지 않는걸요. 구술시험도 치러야 하고 단어도 외워야 하고 문법 숙제와 시험도 있는데 이것들도 다 쓸모없어요. 지금 제가 영어 과목에 대해서 어떻게 생각하느냐고요? 영어 과목을 싫어한다고 해도 될 거예요. 이런 방식으로는 그렇게 느낄 수밖에 없다고요."

데이빗은 아주 성실한 학생이다. 9학년에서도 열심히 공부를 했고 A를 받았다. 하지만 고등학생의 영어 숙제들은 그로부터 독서의 즐거움을 앗아갔다. 엘리스의 말을 빌리면, 이것들은 데이빗한테서 그의 '목적의식'을 앗아간 것이다.

책을 사랑하는 독서인, 엘리스

엘리스는 데이빗보다 오래 전에 우리 학교를 졸업한 학생이다. 당시 이 아이는 아주 특출한 독서인으로 가장 좋아하는 작가는 제인 오스틴이었다. 7, 8학년 사이에 엘리스는 200권 이상의 책을 읽었다. 하지만 고등학교로 진학한 후 영어 숙제를 하느라 책을 즐길 시간을 가질 수 없었고, 결국 행복한 책읽기를 멈추고 리딩존을 닫아 버렸다.

엘리스는 대학교 2학년 때 지난 날의 자신을 돌아보게 되었고, 영어 전공을 선택함으로써 모두를 놀라게 했다. 여기에 이 아이의 말을 길게 옮겨보려고 한다.

그때 저는 여름방학 독서와 작문 숙제, 어휘, 문법, 리포트, 구술 시험, 완벽한 필기 등 고등학교의 영어 숙제들을 처리하느라 개인적인 독서를 멈출 수밖에 없었어요. 아마 선생님들은 책읽기를 좋아하고 글쓰기를 좋아하는 똑똑하고 문학적인 아이들을 어떻게 다뤄야 하는지 모르셨던 것 같아요. 반에 따라 차등을 두느라고 우등반 미국 고등학교는 수준별로 일반반 · 우등반 · AP반으로 나뉜다__역주 학생들에게는 일부러 어려운 숙제를 연이어 내주신 거예요. 우리는 이 숙제를 풀어서 자신이 똑똑한 아이이고 계속 우등반에 있을 '자격'이 있다는 것을 증명해야 했죠. 선생님들이 가끔은 항복을 하고 '자유롭게' 책을 고르는 것을 허락하긴 했지만, 그때도 먼저 그 책을 선생님께 보여 드리고 허락을 받아야 했어요. 그리고 읽은 후에는 꼭 독후감을 써야 했답니다.

저는 독서가 너무 그리웠어요. 고등학교 내내 겨울방학만을 기다렸죠. 겨울방학에는 숙제가 없어서 책을 읽을 수 있었거든요. 정말 사랑하는 책을 손에 넣고 그것을 읽는 건 세상에서 가장 행복한 순간이에요. 텔레비전이나 영화나 컴퓨터를 하면서 쉬는 게 아니라 제 책을 읽는 거예요. 그것이 얼마나 행복한 일인지 거의 잊고 지내다가 12월이 되어 2주간의 방학이 시작되면 비로소 다시 그 행복한 느낌에 푹 잠길 수 있었답니다.

이제 저는 대학생이고 여름방학이 되면 또 제가 좋아하는 독서를 할 수 있을 거예요. 대학교에서는 여름방학에 독서 숙제를

내주지 않거든요. 저는 여름 내내 아르바이트를 하지만 작년에는 7, 8월 사이에 30권 이상의 책을 읽을 수 있었어요. 이제 아르바이트가 끝나면 이를 악물고 여름방학 숙제를 해야 하는 게 아니라 책을 읽으면서 쉴 수 있어요.

대학교의 '자유' 학습 과제의 지정 도서 목록은 그렇게 길지 않지만, 저는 제 독서에서 목적의식을 느낄 수 있답니다. 이 책들은 교수님들이 골라 준 좋은 책들이지, 학교위원회에서 교과 과정에 쑤셔 넣은 책들이 아니거든요. 교수님들은 직접 먼저 읽고 마음에 든 책들을 고르신 거고요. 강의 신청을 할 때 저는 먼저 캠퍼스의 서점에 가서 책을 사요. 교수님들이 골라 놓은 도서 목록을 보고서 제가 읽고 싶은 책들이 있는 강의를 고른답니다.

저는 CTL에서 독서와 문학에 대해 굉장히 많은 것을 배웠어요. 하지만 고등학교에서 보낸 4년 동안 조금 바보가 되고 말았죠. 이제 저는 대학에 있고 다행히 다시 똑똑해진 기분이 들어요. 문학적으로 섬세해지고 아주 뚜렷한 목적의식을 갖게 되었지요. 서점에 들어가서 '이 많은 책이 어떻게 존재할 수 있을까? 평생 읽어도 부족할 거야!' 라고 느낄 수 있으니 정말 신이 나요. 제가 얼마나 책을 사랑하는지를 저는 잊고 있었던 거예요.

엘리스는 자신이 책을 얼마나 사랑하는지를 잊고 있었다. 그것이 엘리스가 고등학교에서 배운 교훈이었다. 사실 이 아이는 운이 좋은 편이다. 엘리스는 고등학교에 가기 전 책을 사랑하는 독서인이었고, 그것을 떠올리며 다시 독서인으로 돌아올 수 있었다. 하지만 능숙하고 열정적이며 습관적이고 비판적인 독서가가 되지 못한 채 고등학교에 진학하는 아이들에게는 의미 있는 문학적 체험의 기회가 훨씬 적을 수밖에 없다. 그들은 독서의 즐거움과 만족감을 체험한 적이 없고 풍부한 독서를 통해서만 얻을 수 있는 독서 능력이 없으므로 평생 리딩존을 모른 채 살아갈지도 모른다.

하지만 꼭 그래야만 하는 것은 아니다. 고등학교의 영어 교사들은 현재의 정규 교과 과정에 의문을 제기하고 그것을 개혁할 수 있다. 좀더 고등학생들의 필요와 성향에 맞추어 교과 과정을 고칠 수 있으며, 청소년이 바라는 자주성과 목적의식과 선택의 권리를 줌으로써 그들을 자극할 수 있다. 또 학업 성취와 관련된 책들을 활용하여 숙제에 즐겁게 몰두하게 할 수 있다. 대학의 교양 영어 강의에 대비해 학생들을 준비시킬 수 있다. 그리고 능숙하고 열정적이며 습관적이고 비판적인 독서가들을 세대를 거치며 길러내고 유지할 수 있다.

라우제의 실험 :
행복한 책읽기를 교과의 척추로 삼다

이런 변화가 어떻게 시작될 수 있을까? 나는 고등학교의 영어 교사들이 교과 과정에 급급하지 않고, 학생들의 졸업 후를 걱정하고 이야기할 때 이 일

이 가능해진다고 생각한다. 어떤 독서인, 어떤 작가로 학생들을 키우고 싶은가? 학생들이 자신의 아이라면 문학을 사랑하는 부모로서 아이를 키울 때 어떤 목표를 세울 것인가? 아이에게 무엇을 바라겠는가?

나는 이미 대답을 알고 있다. 영어 교사들은 고등학교를 졸업한 학생들이 능숙하고 즐겁게 깊이 있는 독서를 할 수 있기를 바랄 것이다. 그렇다면 이것에 대한 다음 단계는 '어떻게 그렇게 하느냐?' 가 될 것이다. 책을 많이 읽게 하고 책을 즐기도록 돕는 것이 방법일 수도 있다. 혹은 교과 과정을 통해 학생들이 책을 자주 지속적으로 즐겁게 읽도록 하는 것을 목표로 삼을 수도 있다. 뉴올리언즈의 고등학교 영어 교사인 줄리 라우제는 이를 실행에 옮긴 사람이다(2004년).

라우제는 지정 도서 목록과 자율적인 선택권을 조합하여 교과 과정을 짰다. 그녀는 4년에 걸친 자신의 연구를 다음과 같은 방식으로 진행했다. 우선 9, 10학년 학생들에게 숙제로 매일 45분간, 주 5일의 독서 숙제를 내주었다. 그리고 월요일 영어 수업 시간을 독서 수업 시간으로 사용하여 학생들에게 책을 읽게 했다. 독서인으로서의 이해력과 속도, 그리고 열정을 높이기 위해 그녀는 학생들이 책을 읽는 시간을 '영어 교과의 척추' 로 삼았다.

라우제는 학교에서 제시하는 지정 도서 목록을 학년 초에 한꺼번에 나눠 주었다. 10학년 우등반 학생의 경우 지정 도서 목록은 모두 여덟 권이었다. 그리고 그녀는 학생들의 최저 독서 속도를 감안하여 책마다 독서마감일을 정했다. 그녀와 학생들은 마감일이 지난 후 책의 한 부분이 아닌 책 전체에 대해 함께 토론했다. 그리고 그녀는 교사로서 이런 문학적 대화에 깊이가 더해지는 것을 관찰했다.

눈여겨보아야 할 점은 매년 학생들이 읽는 책의 양이 늘어났다는 것이다. 그들은 지정 도서만 읽는 것이 아니라 적게는 15권, 많게는 50권까지 책을 직접 골라 읽고 즐겼다. 읽은 책들은 《기버 The Giver》, 《프린세스 다이어리 The Princess Diaries》, 《해리 포터》·《엔더의 게임 Ender's Game》·《나니아 연대기 The Chronicles of Narnia》 시리즈, 《펠리컨 브리프 The Pelican Brief》, 《레베카 Rebecca》 등의 소설부터 《뻐꾸기 둥지 위로 날아간 새 One Flew Over the Cuckoo's Nest》, 《캐치-22 Catch-22》, 헤밍웨이의 전 소설, 《벌들의 사생활 The Secret Life of Bees》, 《다섯 번째 계절 Bee Season》, 《대부 The Godfather》, 《군주론 The Prince》, 《가장 푸른 눈 The Bluest Eye》, 《내 사랑한 자 Beloved》, 《위대한 유산 Great Expectations》, 《백경 Moby-Dick》, 《설득 Persuasion》까지 다양했다.

그와 동시에 라우제는 북토크를 열고 "학생들의 손에 책을 쥐어주어 대화가 이어지도록" 유도했다. 그녀는 학생들에게 자신이 하나의 자원임을 알았다. 학생들이 책에 친근함을 느끼고 독서를 즐기게 되려면 그녀가 책으로 이끌어 주는 '응원단장'이 되어야지

문지기가 되면 안 된다는 것을 깨달았다.

라우제의 학생들은 독서에 대한 인식의 변화를 맛보았고 독서인으로 발전해 갔다. 학년 초에 그녀의 9, 10학년 학생 중 스스로를 독서인이라 여기는 학생은 35퍼센트에 불과했다. 불과 10퍼센트의 학생만이 독서가 즐거운 이유를 설명할 수 있었다. 하지만 5월이 되자 그녀의 학생 중 95퍼센트가 "스스로를 독서인으로 인식하며 자신의 독서 취향을 확실히 알고 읽고 싶은 책의 목록을 갖고 있었다."

학생들의 읽기 능력 또한 발전했다. 9월 당시 9학년 중 14퍼센트의 학생들은 45분의 독서 시간 동안 겨우 15페이지를 읽을 수 있었다. 하지만 5월이 되자 그 숫자는 2퍼센트로 줄었고, 72퍼센트의 학생들은 45분 동안 30페이지를 읽게 되었으며, 10퍼센트의 학생들은 50페이지 이상을 읽게 되었다. 교사의 도움으로 학생들은 리딩존을 발견하고 그 가치와 즐거움을 알았으며 그곳에 머무르기로 결심한 것이다.

라우제는 독서 수업에서 문학을 가르친 자신의 경험에 대해 영어 교사들을 향해 결론적으로 이야기한다. "교실의 중심에서 가르치다가 변두리로 나가면 상실감을 느낄 수도 있습니다. 하지만 학생들의 읽기와 쓰기가 교실의 중심이 될 때 그들의 삶과 교사로서의 우리의 삶은 크게 변화합니다."

노력하는 교사라면 누구나 꿈이 현실이 되는 것을 보게 될 것이다. 읽기조차 어려워하던 아이들이 훌륭한 독서인이 될 것이며, 잘 읽는 아이들은 학교에서 요구하는 수준을 뛰어넘을 것이다. 그리고 결과적으로 모든 학생이 책과 문학과 독서에 대해 교사들과 똑같은 열정을 품게 될 것이다.

학교와 집에서 직접 책을 고르고 읽는 것은 교과 과정에서 살아남은 자들만이 누릴 수 있는 졸업 후의 특권이 아니다. 스스로 책을 고르고 그것을 읽는 시간은 학생의 교양과 문학적 능력, 그리고 읽기 능력을 풍요롭게 해주는 샘물과 같다. 교사들은 학생들이 많이 읽을 수 있도록 도와주어야 한다. 학기 중에 좋은 책을 고르고 읽을 수 있게 하는 것은 물론이요, 방학 동안에도 즐겁게 책을 읽을 수 있도록 도와주어야 한다.

뛰어난 문장가, 지나

우리 학교를 막 졸업한 지나는 아주 열정적인 독서인이며 표현력이 뛰어난 문장가이다. 지나는 지역의 공립학교로 진학했고, 결국 여름방학에 끔찍한 독서 과제에 맞닥뜨리게 되었다. 7월에 나는 'AP준비반'이라고 불리는 9학년 우등반의 필수 과제 때문에 겁에 질린 그녀를 진정시키기 위해 반나절 동안 그녀와 이야기를 나누어야 했다.

지나는 7월 말까지 다음과 같은 과제를 선생님에게 제출해야 했다. 과제는 정해진 주제에 대한 A4 2페이지 이상의 에세이, 지

정 도서 세 권을 읽고 작성한 10페이지 이상의 분석표(게다가 지정 도서 중 한 권은《시라노 드 베르주락Cyrano de Bergerac》이었다), 각주를 사용한 MLA 양식 미국 현대어협회에서 만든 영어권에서 널리 쓰이는 문서 작성 양식_역주에 맞춘 2페이지의 에세이 등이었다.

지나는 과제의 양에 충격을 받았고, 태어나서 처음으로 책을 읽을 시간이 없는 여름방학을 맞게 된 것에 화가 나 있었다. 지나는 영어를 배우는 학생으로서의 미래를 두려워하기 시작했다. "선생님은 A를 받기 위해 해야 하는 것들을 적어 주셨어요. 그 많은 과제를 다 할 수는 없어요. C만 받아도 다행일 거예요. 제가 영어를 좋아하고 잘한다고 생각했는데, 이제는 영어만 떠올려도 배가 아파요."

지나의 영어 선생님이 무슨 생각을 하셨을지 나는 충분히 이해할 수 있다. 그 사람은 영어 우등반에 좀더 엄격한 기준을 적용하고자 한 것이다. 하지만 최고의 독서 실력을 가진 학생들이 다른 무엇보다 독서에 많은 시간을 투자한다는 것을 알고 있다면, 적어도 여름방학만큼은 책을 실컷 읽을 수 있게 과제를 없애주어야 하지 않을까?

지역의 사립학교로 진학한 다른 졸업생들의 상황은 그나마 조금 나았다. 그들은 여름 동안 세 권의 지정 도서를 읽어야 하며, 9월 새 학기에는 그 책들에 대해 토론을 해야 한다고 말했다. 그중 한 명은 여름방학 중 행복한 책읽기 계획에 대해 묻자 "적어도 7

월에는 가능할 거예요"라고 대답했다.

흥미롭게도 가장 많은 과제를 내줄 것 같았던 명문 사립학교 학생들의 과제가 가장 적었다. 필립스 앤도버는 방학 과제로 《분노의 포도 The Grapes of Wrath》를 읽어오라고 했다. 그리고 버킹엄 브라운 & 니콜스, 세인트 폴, 필립스 엑스터 등은 독서 과제를 아예 내주지 않았다. 버킹엄 브라운 & 니콜스는 학생들에게 여름 동안 읽을 만한 추천 도서 목록을 주었을 뿐이다.

나는 필립스 엑스터의 2학년생인 앨리슨에게 학교에서 그렇게 하는 이유가 무엇이라고 생각하느냐고 물어 보았다. "이들 학교에서는 선생님들이 직접 교과 과정을 계획하세요. 정해진 교과 과정이 없기 때문에 방학 과제도 정해주지 않으시는 거지요. 매년 선생님들은 우리에게 읽게 할 책을 직접 고르시지, 무슨 위원회에서 정한 '1학년용 책'을 우리에게 그냥 내밀지 않아요." 그러면 올해 여름 앨리슨은 행복한 책읽기를 했을까? 앨리슨은 대답했다. "물론이죠. 저는 정신없이 책만 읽었어요."

몇 년 전, 우리 학교를 막 졸업한 학생의 어머니가 아이가 여름방학을 가장 생산적으로 보내려면 어떻게 하는 게 좋으냐고 상담을 해오셨다. 다행히 이 학생은 9월 새 학년 전까지 아무런 과제가 없었다. 나는 학교에 다니는 동안 그랬던 것처럼 이번 방학에도 매일 30분 이상 좋아하는 책을 읽도록 지도하면 된다고 말씀드렸다. 그러자 어머니는 우리 독서 교실 문고를 가리키면서 이렇게

물으셨다. “이제 여기 있는 책들을 읽을 수가 없는데 어떡하죠?”

이 말을 듣고 나는 6월의 마지막 독서 수업에 CTL 졸업 후의 독서 관리에 대한 내용을 추가했다. 그리고 학교 홈페이지에 고등학생을 위한 추천 도서 목록도 올리기 시작했다. 먼저 남학생들이 재미있게 읽을 만한 도서 목록을 올렸고, 후에 형평성을 고려하여 여학생들을 위한 도서 목록도 올리기 시작했다.

이렇게 하여 학교를 졸업한 후에도 학생과 학부모들은 계속해서 10대 후반의 청소년들을 위한 추천 도서를 쉽게 찾아볼 수 있게 되었다. 첫 목록은 내가 만들었고, 이후로는 졸업생들이 자발적으로 학교의 웹마스터이자 총무에게 연락하여 목록에 올릴 만한 책을 추천하면 총무가 업데이트를 하고 있다. 만약 내가 고등학생을 가르치는 영어 교사이고 아이들을 위해 독서 교실 문고를 만들어야 한다면 바로 이 목록의 책들로 시작할 것이다.

소설을 조각조각 잘라 읽는 것은 영화를 토막토막 잘라 보는 것과 같다

어느 고등학교에 진학하든 우리 아이들이 절대로 피해갈 수 없는 것이 장별 독서와 소설 분석이다. 내가 걱정하는 것은 독서가 의무화되는 것이 아니다. 중요한 문학 작품을 어른의 지도 아래 읽는 것은 고학년에게 큰 도움이 된다. 내가 걱정하는 것은 소설을 조각조각 잘라서 읽게 하는 것이다. 이것은 문학 작품의 통일성을 해치고 리딩존에의 몰입을 방해한다.

만약 이것이 영화라고 생각해 보자. 우리가 영화를 토막토막 잘라서 봐야 한다면 어떤 기분일까? 우리는 영화를 볼 때면 극장 의자 밑으로 쭉 빨려 들어가는 듯한 경험을 한다. 영화에 몰입하여 극중 사건이 우리의 체험인 것처럼 느끼고, 마치 우리 자신이 극작가나 감독이 된 것처럼 사건에 반응하게 된다. 그런데 이제 15분마다 전지전능한 누군가가 나타나 영사기를 끄고 조명을 환히 켜고는, 지금까지 본 영화에 대해 질문을 던지고 토론을 하라고 한다. 아마 많은 사람이 이 상황을 그리 즐기지 않을 것이다. 나는 소설을 조각조각 읽고 토론하게 하는 것 역시 이와 비슷할 것이라고 생각한다.

나는 영어 교사라면 그저 아이에게 책을 주고 혼자 읽을 시간을 주는 것으로 충분하다고 생각한다. 아이가 못 미덥다면 기한을 주고 읽었는지 안 읽었는지 내용 점검을 하는 것으로 충분하다고 생각한다. 토론 역시 책을 다 읽은 후 전체 내용을 놓고 하는 것이 바람직하다. 대학의 영어 수업도 이런 방식으로 진행된다.

고등학교 영어 교사들도 아이들이 스스로 책을 선택하도록 허용하고 있지만, 아마도 이들은 책을 읽은 후 반드시 독후감이나 보고서 · 메모 등을 남겨야만 독서의 즐거움이 깊어진다고 믿고 있는 듯하다. 독후감을 쓰는 것은 비판적 사고를 기르는 데 매우 중요하다. 하지만 그렇다고 모든 책마다 독후감을 써야 하는 것은

아니다.

나는 여기에도 아이들에게 선택권이 있다고 생각한다. 읽은 후 생각을 정리해 둘 필요가 있는 책일까? 재미있기는 했지만 별 할 말이 없는 책일까? 좀더 깊이 생각하면서 글로 정리해야 할 예술 작품은 아닐까? 다니엘 페낙은 아이들에게 독후감을 쓰게 하는 것이 많은 도움이 되기는 하지만 이런 말을 덧붙인다.

"그것이 목적은 아니다. 목적은 책 자체이다. 그들이 손에 쥐고 있는 것, 바로 책이다. 독서에서 아이들이 갖고 있는 가장 중요한 권리는 조용히 침묵할 권리, 바로 그것이다"(1992년).

아이들의 지적 삶은 주변의 어른이 결정한다

만약 내가 다음 학기부터 고등학생을 가르쳐야 한다면, 그래서 SAT와 읽기능력표준고사와 낙제학생방지정책에 스트레스를 받으면서 그래도 연 180시간의 수업 시간 안에 무언가 해보려고 노력한다면, 아마도 나는 우선순위가 무엇인지에 대해 깊이 고민할 것이다. 시간상 내가 포기해야 할 것은 무엇일까? 혹은 아이들의 시간을 낭비하는 것은 무엇일까? 시간이 모자라더라도 아이들을 진정한 독서인이자 비판인이자 학습인으로 기르기 위해 내가 꼭 지켜야만 하는 것은 무엇일까?

우선 나는 일괄 제작된, 혹은 상업화된 프로그램을 버릴 것이다. 독서와 작문에 있어서라면 책을 읽는 시간과 글을 쓰는 시간,

이 두 가지를 대체할 만한 것은 아무것도 없다. 나는 어휘와 문법을 포기할 것이다. 독후감과 발표, 구두 시험, 팀별 과제, 요약, 필기 등을 모두 포기할 것이다. 내가 아는 한 이런 것들은 독서나 작문 실력의 향상과는 아무런 관련이 없다. 오히려 부정적인 측면만 있을 뿐이다. 예컨대, 아이들에게 문법 공부를 시키느라 잡아먹는 시간이 오히려 독서와 작문 실력에 악영향을 끼치는 것으로 증명되었다.

그렇다면 내가 지켜야만 하는 것, 혹은 힘들더라도 꼭 해야만 하는 것은 무엇일까? 그것은 적어도 일주일에 한 시간의 북토크와 책을 읽을 시간, 그리고 밤마다 직접 고른 책을 30분 이상 읽는 과제이다. 나는 고등학생들을 위해 주 다섯 시간의 영어 수업 중 세 시간을 작문 시간으로 할당할 것이다. 글쓰기가 습관이 되기 위해서는, 그리고 글 쓰는 기술을 습득하기 위해서는 적어도 이 정도의 시간이 필요하기 때문이다.

나는 시, 자서전, 에세이, 문학비평, 체험 보고서 등 아이들 나이에 가장 알맞은 장르에 집중할 것이다. 그리고 독서이든 작문이든 매일 하나씩 미니 레슨도 가르칠 것이다. 미니 레슨을 통해서 나의 현재의 판단으로 가장 중요하다고 생각되는 작가와 장르, 컨셉과 형식, 법칙과 경향 등을 아이들에게 가르쳐 줄 것이다. 금요일은 함께 읽는 책에 대해 토론하는 날로 정할 것이다. 그리고 3주마다 편지 형식의 문학 에세이를 써오도록 과제를 내줄 것이다.

나는 기회가 있을 때마다 시도 함께 읽을 것이다. 여름방학 과제는 여름 내내 좋아하는 책을 실컷 읽어 오는 것으로 대신할 것이다. 나의 이런 수업 계획은 전혀 무리가 없기 때문에 아이들이 쉽게 따라올 수 있을 것이다. 이 방법은 튼튼한 기초를 가르치기 때문에 아이들에게 어른에 준하는 문학 경험을 쌓게 할 것이며, 이들을 능숙하고 열정적이며 습관적이고 비판적인 독서가로 이끌 것이라고 확신한다.

매년 9월 새 학기가 되어 내가 중학교 영어 교사로서 교실로 돌아올 때면, 나는 애초에 내가 영어 교사가 된 이유를 떠올리고 그것에 감사한다. 나는 대학시절 내가 독서와 문학을 좋아한다는 것을 깨닫고 영어를 전공하게 되었다. 그리고 아이들에게 책에 대한 열정을 가르치는 것 이외에 더 좋은 직업을 상상할 수 없어서 영어 교사가 되었다. 나는 지금도 이 이상의 좋은 직업을 상상할 수 없다.

러시아의 언어심리학자인 L. S. 비갓스키는 "아이들의 지적 삶은 주변의 어른들이 결정한다"(1978년)고 말했다. 재미있는 책과 책을 아는 좋은 교사, 그리고 함께 책을 읽을 친구들로 가득 찬 고등학교 시절만큼 행복하고 즐겁고 유쾌한 지적 삶은 없을 것이다.

나는 앞으로 내 제자들을 가르치게 될 고등학교 교사들에게 묻고 싶다. 독서와 관련하여 고등학교에서 나의 제자들이 만나게 될 지적 삶이란 어떤 것인가? 그리고 내가 원하는 대답은 이것이다.

"무슨 책을 읽고 있니?"라는 교사의 질문에 아이들이 "최고의 책이지요! 들어 보실래요?"라고 대답할 수 있다면, 그것이야말로 가장 즐겁고 만족스러운 지적 삶이 아닐까?

부모와 교사를 위한 행복한 **독서** 가이드

Practicalites

이 책을 읽는 독자 중에는 순수하게 제목에 끌려 책을 읽게 된 분도 있을 것이고, 아이들의 독서 지도에 관심이 많은 부모들도 있을 것이다. 또 나와 같은 입장의 교사로서 아이들에게 어떻게 책 읽는 즐거움을 가르치고, 책 속의 무한한 상상의 세계로 아이들을 이끌어야 할지 그 방법에 대해 고민하는 분들도 있을 것이다. 이번 장은 바로 이런 부모와 교사들을 위한 것이다.

독서에 바라는 열 가지 희망 사항, 독서 수업의 열 가지 원칙

내가 이곳에 소개하는 내용은 우리 학교에서 여러 차례의 시행착오를 거쳐 발전시켜 온 독서 지도의 원칙과 방법들이다. 주로 아이들에게 나눠 주는 복사물과 부모들에게 보내는 가정통신문, 우리 학교의 교사들이 함께 머리를 맞

대고 고민하며 만든 독서 수업의 가이드라인 등을 있는 그대로 실었다.

내가 생각하는 독서 수업의 목적은 예나 지금이나 변함이 없다. 독서 수업은 아이들을 위한 시간이다. 개구쟁이에 장난꾸러기 10대들이 마침내 능숙하고 열정적이며 습관적이고 비판적인 독서가로 변신하는 시간인 것이다.

매년 9월 학기 초 첫 독서 수업 시간이 돌아오면, 나는 아이들에게 '독서에 바라는 열 가지 희망 사항'이라는 제목의 복사물을 나눠 준다. 우리 아이들이 진정한 독서가, 위대한 독서가로 자라기 위해 해야 할 모든 일이 바로 여기에 담겨 있다.

독서에 바라는 열 가지 희망 사항

- 원하는 만큼 즐겁게 실컷 읽기를.
- 매일 밤 집에서 30분 이상 읽기를.
- 나의 삶, 나의 현재, 나의 미래에 피와 살이 될 책을 찾게 되기를.
- 새로운 장르, 새로운 작가의 책에 도전하여 지식과 경험과 문학에 대한 취향의 폭을 넓히기를.
- 북토크의 추천을 통해 섬데이 페이지의 목록을 계속 늘려가기를.

- 3주마다 편지 형식의 독후감을 열심히 쓰기를. 독후감을 통해 읽은 책을 다시 돌아보고, 작가에 대한 비판 능력을 기르며, 자기 자신까지 돌아볼 수 있기를.
- 글에 따라 다양한 독서의 태도를 배우기를. 시를 읽는 태도와 소설을 읽는 태도, 역사 교과서를 읽는 태도와 신문 기사를 읽는 태도를 모두 숙달할 수 있기를.
- 읽고 싶은 책과 읽고 싶지 않은 책에 대한 나만의 기준을 세우게 되기를.
- 매 학기 나만의 독서 목표를 정하고 실천하게 되기를.
- 열과 성의를 다해 독서 수업에 임하기를. 리딩존에 들어가 상상의 나래를 펴고, 책 속 인물들의 삶을 통해 자신에 대해 배우게 되기를. 마음을 뒤흔드는 좋은 산문과 시를 만나게 되기를. 몰랐던 감정을 느끼고 이해하게 되기를. 행복한 이야기를 발견하고 영혼을 채우게 되기를. 작가들의 글을 통해 그들의 지혜를 얻고, 질문하고, 도피하고, 생각하고, 여행하고, 고민하고, 웃고, 울고, 사랑하여, 마침내 성장하게 되기를.

주당 독서 수업의 시간 수에 상관없이 독서 교사들은 아이들의 수업 몰입도를 높이기 위한 원칙을 만들고 그것을 지켜야 한다. 다음에 소개하는 '독서 수업의 열 가지 원칙'은 아이들을 리딩존

으로 이끌기 위해 내가 만들어 낸 방법이다.

독서 수업의 열 가지 원칙

- 반드시 책을 읽도록 하자. 잡지나 신문의 글은 가볍고 단조로워서 읽기 능력 향상에 도움이 되지 않는다. 더욱이 잡지와 신문은 독서인로서의 정체성을 찾아가는 데도 아무런 도움이 되지 않는다.
- 좋아하지 않는 책은 읽지 말자. 비판을 목적으로 읽는다면 모를까, 싫어하는 책에 시간을 낭비하지 말자. 세상에는 좋은 책이 얼마든지 많다. 재미없는 책은 과감하게 내던지자.
- 책이 마음에 들지 않는다면 다른 책을 찾자. 아워북 코너에서 찾아 보자. 섬데이 북 목록을 점검해 보자. 독서 교실 문고를 훑어보자. 선생님이나 친구에게 추천해달라고 부탁하자.
- 좋아하는 책은 얼마든지 다시 읽어도 좋다. 훌륭한 독서인은 누구나 다시 읽는다.
- 따분한 부분은 대충 훑어도 좋고, 건너뛰어도 좋다. 독서인은 누구나 훑어 읽고 건너뛰며 읽는다.
- 독서 공책에 다 읽은 책과 읽다 만 책의 목록을 만들자. 각각의 장르와 저자와 날짜와 자신이 생각하는 점수를 기록하자. 독서인으로서의 자신에 대한 정보를 모으자. 자신의 독서 패

턴을 찾자. 정보를 통해 자신의 성장을 발견하고 기뻐하자.

- 독서는 생각이다. 그러므로 리딩존에의 몰입을 방해하는 행동을 삼가자. 수업 중 소리를 내면 책 속으로 빠지려고 노력하는 친구들에게 방해가 된다. 선생님에게 질문을 할 때는 가능한 낮은 목소리로 말하자.
- 책을 소중히 다루자. 빌려갈 때는 도서 대출 카드에 반드시 사인을 하고, 돌려줄 때도 선생님 앞에서 사인을 하자. 선생님이 책 제목 위에 줄을 긋고 카드에 서명을 해주실 것이다. 반납하는 책은 본래 있던 자리에 작가의 이름에 따라 알파벳 순으로 꽂자. 책이 마음에 들었다면 아워북 코너에 진열하자.
- 수업 시간 내내 읽기에 집중하자.
- 가능한 많은 분량을 읽자.

우리 학교의 초등부 교사들은 이 열 가지 원칙을 아이들의 발달단계에 맞춰 적용하고 있다. 물론 학년에 따라 몇 가지 단어와 세부 사항이 바뀌기도 하지만 기본 법칙만은 그대로이다. 즉 아이들을 독서가로 키워 책 속에서 스스로 감성을 다지고, 지적 포만감을 느끼며, 가능한 가장 빠른 나이에 자신만의 리딩존을 발견하게 하기 위한 원칙인 것이다.

독서 기록을 남기는 것은 초등학생이나 중학생이나 예외가 없다. 우리 학교의 모든 학생은 개인별 독서 폴더가 있으며, 이를 항

상 교실의 정리 상자나 파일 서랍 안에 보관해 둔다.

각 폴더는 여러 종이의 묶음 형태로 아이들이 직접 여기에 자신이 선택한 책과 저자의 이름, 장르 등을 기입하며 끝까지 읽었는지 중간에 읽기를 포기했는지, 책에 주고 싶은 점수는 10점 만점에 몇 점인지, 책의 난이도가 자신에게 '홀리데이(H)' 이나 '저스트라잇(J)' 혹은 '챌린지(C)' 인지도 모두 기입을 한다. 읽은 책이 어느 장르에 속하는지 구분을 도와주기 위해서 아이들이 직접 정리해 놓은 문학 장르를 참고하게 한다. 이런 기록들은 차곡차곡 개인별 폴더에 정리된다.

아이들의 독서 폴더는 자신에게는 물론이고 우리 교사와 부모들에게 아이들의 독서가로서의 발전을 주기적으로 확인하기 위한 귀중한 자료이다. 특히 매 학기말 평가 시간이 다가왔을 때 아이들의 독서 기록은 그 성장과 목표 달성을 가늠할 수 있는 기초 자료가 된다.

비판과 평가는 스스로 성장한다

독서 수업은 평가의 연속이다. 독서 편지 쓰기, 책 선별하기, 문장을 읽으며 이해하기, 점수 매기기, 발표하기, 독서 계획 세우기, 읽는 속도 점검하기, 도움 요청하기 등이 모두 평가의 일환이다.

우리 학교에서의 읽기 평가는 언제나 자기평가에서부터 시작한

아이들이 정리한 문학 장르

어드벤처/서바이벌
역사 판타지
반전 소설
자서전
전기
고전
코믹 소설
청소년 사실 소설
일기형 소설
디스토피아풍 SF과학 소설[1]
서사시
편지형 소설(서한 소설)
에세이
대하 가족 소설[2]
판타지
자유시 형식의 회상록
자유시 형식의 소설
고딕 소설[3]
그래픽 역사/그래픽 저널리즘[4]
그래픽 소설[5]
역사 소설
역사
공포
유머 에세이
정보 가이드
저널리즘[6]
심리 미스터리
신화
뉴저널리즘[7]
패러디
철학
연극
명시선집
펑크 동화
개작 소설
로맨스
과학
SF과학
시리즈 소설
단편소설집
스포츠 소설
스파이 소설
초자연
테크노 스릴러[8]
스릴러
웨스턴
법률 소설
전설
만화
회고록
이야기 미스터리

1 | 디스토피아란 유토피아의 반대 개념으로 전체주의적인 정부에 의해 통제받는 암울한 가상 사회를 뜻한다.
2 | 역사와 사회 변천사가 가족사와 함께 버무려진 소설
3 | 중세 성이나 수도원 등을 배경으로 한 공포 · 낭만 · 신비가 가득한 소설
4 | 그림 · 사진 등이 많이 등장하는 보도 기사 형식의 책
5 | 그림 · 사진 · 도표 등이 등장하는 소설
6 | 취재를 바탕으로 쓴 보도 형식의 정보서
7 | 소설 기법이 가미된 저널리즘
8 | 의사 · 변호사 · 과학자 등이 그 분야의 전문 지식을 가지고 쓴 전문가 소설

다. 아이가 스스로 독서인으로서의 자신을 평가하는 것이다. 평가 기간에는 아이가 자신을 돌아볼 수 있도록 독서 수업을 멈춘다. 아이는 자신이 이룬 성취와 성장을 돌아보고, 더 나아가 독서인으로서 자신에게 더 필요한 것과 부족한 것 등을 고민하기도 한다.

이 과정은 일단 자기평가 질문지를 나눠 주는 것으로 시작한다. 질문지는 아이의 독서 기호와 좋아하는 장르, 성취와 발전, 목표 등에 대한 질문을 던진다.

· 이번 학기에 몇 권의 책을 읽었나?
· 그중 홀리데이, 저스트라잇, 챌린지는 각각 몇 권인가?
· 그중 어느 장르의 책이 가장 많았는가?
· 이번 학기에 읽은 책 중 가장 좋았던 책은? 그 이유는? 작가의 어떤 점이 나를 사로잡았나?
· 요즘 가장 즐겨 읽는 장르는?
· 이번 학기에 읽은 시 중 가장 좋았던 시는? 그 이유는? 시인의 어떤 점이 나를 사로잡았나?
· 가장 좋아하는 시인은 누구?
· 소리 내어 읽은 책 중 가장 좋았던 책은?
· 지난 학기말에 정했던 독서 목표 중에서 내가 성취했거나 발전한 부분이 있다면?
· 독서인으로서 다음 학기에 세우고자 하는 목표는? 다음과 관련

하여 목표를 세워 보자 :

독서량과 독서 속도 : 몇 권의 책을 읽을 것인가? 매일 밤 몇 페이지를 읽을 것인가?

도전해 볼 장르와 작가는?

독서 편지에 대한 계획은?

또 학기 중에 가르친 독서와 문학 수업을 바탕으로 다음과 같은 질문도 던진다.

· 가장 좋았던 자전 소설, 단편 소설, 에세이는 무엇이었나? 그 이유는? 작가의 어떤 점이 나를 사로잡았나?
· 산문에 대한 비평가 혹은 독자로서 우리가 할 수 있는 가장 중요한 여섯 가지 행동은? 무엇에 주목하고 무엇을 발견하며 반응할 수 있을까?
· 이번 학기에 나에게 충격을 준 책은?
· 이번 학기에 배운 윌리엄 카를로스 윌리엄의 시집에서 꼭 기억하고 싶은 시는?
· 언어심리학적으로 볼 때 독서를 하는 가장 중요한 의미는 무엇인가?
· 독서 편지는 나에게 어떤 효과가 있나?
· 독서인으로서 작가 · 장르 등에서 이번 학기에 새로 시도해 보

았던 것은? 그 결과는 어떠했나?

· 시를 읽는 독자이자 시를 쓰는 작가로서 시가 나에게 어떤 역할을 한다고 생각하나?

· 이번 학기에 독서인으로서 이루어낸 발전이나 성취는? 독서 속도, 독서량, 새로운 시도, 도서 선택, 독서 계획 등의 면에서 생각해 보자.

· 다음 문장으로 독서인으로서의 자신에 대한 글을 써 보라. 가능한 여러 개의 문장을 만들어 보라 :

"독서인으로서 나는 내 자신이 … 하다는 것을 깨달았다."

학년말에 아이들은 모두 자신의 포트폴리오를 만든다. 세 개의 고리가 달린 바인더에 과목별로 페이지를 나누고 일 년 동안 했던 작업과 과제물 등을 붙이고 짧은 설명을 덧붙인다. 아이들은 자기평가회의를 통해 이 포트폴리오를 부모와 교사들 앞에서 발표한다.

아이가 각 과목에서 자신의 성취와 발전, 도전, 앞으로의 계획 등을 발표하고 나면, 교사들은 이를 바탕으로 간단한 평을 쓰고 몇 가지 중요한 부분을 지적한다.

평가 점수는 세 가지를 기준으로 결정된다. 즉 아이가 지난 학기에 세웠던 목표를 어느 정도 달성했는지, 독서 수업의 원칙과 독서에 바라는 희망 사항을 잘 따랐는지, 그리고 독후감을 통해

엿볼 수 있는 사고력 향상의 정도이다.

평가 과정이 독서 발전에 큰 도움이 된다는 것을 한 아이의 사례를 통해 보여주고 싶다. 멕은 처음에는 리딩존에 들어가지 못하는 아이였지만, 지속적인 독서 훈련과 평가 과정을 통해 마침내 리딩존을 찾아냈다.

7학년 첫 학기에 멕은 여덟 권밖에 읽지 못했고, 다른 일곱 권은 읽다가 포기했다. 11월에 멕은 다음 학기 독서 목표로 학교의 최저한계선인 열다섯 권을 설정했다. 또 미스터리와 제리 스피넬리의 책을 더 많이 읽을 것이며, 자신이 쓴 독서 편지에 친구들이 질문을 하면 좀더 적극적으로 대답하겠다는 목표를 세웠다.

그해 가을 독서 수업 중에 멕과 이야기를 해보니, 그 학기에 읽은 책 여덟 권도 대부분이 다시 읽은 책이었다. 10월경에 나는 멕의 가정 독서량이 너무 부족하다는 내용의 가정통신문을 두 번이나 보내게 되었다. 나는 멕이 중간에 포기한 책과 대출한 후 반납하지 않은 책의 수를 유의 관찰했다.

할로윈 직전에 나는 멕과 이야기를 나누며 독서인으로서의 성장이 왜 그렇게 느린지, 그 이유가 뭐라고 생각하는지 물어 보았다. 멕은 "리딩존에 들어가는 법을 배운 적이 없어요. 아마 제가 게을러서 그런가 봐요"라고 대답했다. 어려운 걸 싫어하는 것인지, 아니면 리딩존에 빠질 만큼 좋은 책을 못 찾은 것인지를 묻자 멕은 "둘 다요"라고 대답했다.

그래서 나는 평가 과정을 멕을 건설적인 방향으로 이끄는 기회로 삼기로 했다. 멕이 직접 설정한 세 가지 목표에 나는 네 가지를 더 추가해 주었다. 매일 집에서의 30분 독서를 열심히 실천하기, 읽은 책은 바로 반납하고 도서 카드에 기입하기, 책 한 권을 포기할 때마다 이미 읽은 책 한 권을 다시 읽기 등이었다.

이제 멕이 힘을 낼 차례였다. 나는 이런 새로운 목표를 11월의 자기평가회의를 통해 멕의 부모님에게도 알려드렸다. 멕은 그 목표를 도서 카드에 옮겨 적고 독서 공책 앞에도 붙여서 볼 때마다 목표를 상기하기로 했다.

그후 나는 멕이 어떤 분야의 책을 가장 좋아하는지 알아내는 데 집중했다. 판타지, 역사 소설, 가벼운 생활 소설 등이 멕의 주요 장르였다. 나는 독서 교실 문고의 책 중에서 멕이 좋아할 만한 후보들을 추천해 주었다. 멕은 J. K. 롤링, 다나 조 나폴리, 캐스린 래스키, 아트 스피겔먼, 멕 캐봇, 프랜세스카 리아 블록 등을 골랐다.

다음 학기 4개월 동안 멕은 23권의 책을 읽을 수 있었다. 3월의 기말 평가 때 멕은 자기평가에 이렇게 썼다. "이번 학기에 나는 15권 이상을 읽었다. 읽은 책은 모두 기록을 했고 반납도 잘 했다. 그리고 읽다가 그만둔 책은 단 한 권뿐이었다! 매일 밤 30분 이상 책도 읽었다. 미스터리와 제리 스피넬리를 더 읽겠다는 목표는 잘 지키지 못했지만, 그래도 기분이 좋다." 멕은 목표를 세우고 구체적으로 실천한 것이 리딩존을 발견하는 데 큰 도움이 되었다고 적었다.

평가 과정은 독서인으로서의 멕을 장기적인 안목으로 바라보게 해주었다. 멕의 문제는 낯선 이야기와 등장인물을 만날 때 막막함을 느끼면서 몰입을 거부하는 데 있었다. 담당 교사로서 내가 멕에게 개인적인 관심을 기울이고 조언을 해주자 멕은 힘을 내기 시작했고, 점점 용기를 내어 새로운 책에 도전하기 시작했다. 멕은 마침내 독서인으로 성장하여 자신의 리딩존을 개발했다.

탐 로마노는 "비판과 평가는 스스로 성장한다"(1987년)고 말했다. 독서 평가는 리딩존으로 들어가는 작은 계단과 같아서 그 여행길에 아이들에게 필요한 것들을 공급해 준다. 평가가 아이들을 키우는 것이다.

부모와 교사는 한 팀이다

독서 교사는 부모와 좋은 관계를 맺어야 한다. 교사와 부모는 아이의 독서를 함께 보살피는 팀이라고 할 수 있다. 우선은 부모에게 왜 아이의 독서에 관심을 기울여야 하는지 그 이유를 설명하는 것으로 시작할 수 있을 것이다.

우리 학교는 매년 새 학기마다 부모들에게 다음과 같은 내용의 가정통신문을 보낸다. 여기에는 독서가 중요한 이유, 학교의 독서 커리큘럼, 부모가 집에서 지도하는 방법 등이 담겨 있다. 우리와

비슷한 생각을 가진 학교나 교사라면 이 내용을 그대로 가져다가 같은 용도로 사용했으면 한다. 독서인을 함께 기르는 팀으로서 교사와 부모가 서로 파트너십을 이루는 데 좋은 시작이 될 것이다.

독서는 매일의 숙제입니다

우리 학교의 교사들은 모든 여학생과 남학생이 책을 좋아하고 독서를 습관화하는 사람으로 자랄 수 있도록 최선을 다해 돕고 있습니다. 아이들은 하교 때 늘 한 권 이상의 책을 집으로 가져가고, 다음날 그 책을 다시 학교로 가져옵니다. 그 목적은 매일 오후나 저녁에 30분 이상 집에서 책을 읽게 하는 것입니다. 아이의 나이에 따라 형제나 자매, 부모님에게 읽어 주거나 혹은 함께 읽거나, 소리 내어 읽거나 혹은 혼자 조용히 읽을 수 있습니다.

독서보다 중요한 숙제는 없습니다. 교육학자들의 연구에 따르면, 성취욕이 강한 아이들은 여가 시간의 대부분을 독서에 전념한다고 합니다. 이는 하루 수업이 많지 않고 숙제가 과하지 않아도 마찬가지입니다. 최근 독서에 대한 대대적인 연구 결과에서도 학업 성취에 영향을 미치는 가장 중요한 요소는 아이가 독서에 투자한 시간이라는 사실이 밝혀졌습니다. 독서야말로 집안 환경이나 경제력보다도 학습 발달에 더 중요합니다. 또 수학과 과학에서 좋은 성적을 내는 것도 아이가 즐겁게 책을 읽는 시간과 관련이 있음이 밝혀졌습니다.

아이들은 세상을 더 잘 이해하기 위해 책을 읽습니다. 아이들은 책을 읽음으로써 어휘력을 넓히고 더 빠른 속도로 능숙하고 비판적인 독서인이 되어 갑니다. 그들은 책을 통해 상상의 나래를 펴고 다른 삶과 다른 시대, 다른 장소를 체험합니다. 아이들은 책을 통해 더 좋은 사람이 됩니다. 사람과 세상에 대해 더 많은 것을 알고 더 많이 이해하는 사람이 됩니다.

책과 함께 보내는 정기적인 시간을 대체할 만한 것은 아무것도 없습니다. 오늘밤 아이와 함께 집에서 책을 읽기에 가장 좋은 시간과 장소가 어디일지 의논해 보세요. 학교에서 돌아온 후 저녁 식사를 하기 전까지의 시간이 잠시 숨을 고르고 책과 함께 신비의 이야기 속으로 빠져들기 좋은 시간일까요? 아니면 잠들기 직전 침대 위에서 책을 읽는 것이 좋을까요? 집 안의 독서 환경은 조용한가요? 텔레비전은 꺼져 있나요? 조명은 적당한가요?

최근에는 워낙 좋은 책들이 많이 나와 있기 때문에 아이들은 독서 숙제를 무척 즐긴답니다. 또 부모님과 선생님이 아이들에게 독서를 장려하고 응원할수록 그 아이들은 행복하고 능숙한 독서인으로 자란답니다.

초등학교 1·2학년들은 소리 내어 읽게 하세요

다음은 초등학교 1, 2학년 부모님들을 위한 가정에서의 독서 지도법입니다. 이 방법들은 아주 유쾌하고 효과적입니다. 우리 학교

의 교사들이 저학년을 지도할 때도 이 방법을 사용하고 있습니다.

· 아이가 읽고 싶어하지만 아직 혼자 읽을 실력이 안 되는 책이 있다면, 부모님이 자주 큰 소리로 읽어 주세요. 책을 함께 볼 수 있도록 나란히 앉으세요. 가끔 손가락으로 주요 단어를 가리키거나 읽는 부분에 밑줄을 그으세요. 적절한 순간에 읽기를 멈춰서 아이가 이야기의 흐름과 묘사, 다음에 나올 문장 등을 예측해 보거나 질문을 하거나 이야기할 틈을 주세요.
· 아이는 똑같은 책을 계속 읽어 달라고 할 것입니다. 부모님으로서는 무척 따분하겠지만, 그래도 아이가 청할 때마다 같은 책을 계속해서 읽어 주세요. 아이가 특정 책을 좋아한다는 것은 아주 좋은 징조랍니다. 결국 아이는 혼자 힘으로 그 책을 읽게 될 것입니다.
· 소리 내어 읽어 주되, 가끔 아이가 단어나 구절을 예측할 수 있을 만한 대목은 빼놓고 읽어 주세요. 아이가 단어를 예측하면 왜 그런 예측을 했는지 물어 보세요. 단어의 첫 글자를 가르쳐 주거나, 글자 개수와 글자 모양, 문맥 안에서 꼭 와야 할 내용 등을 가르쳐 준다면 재미있는 게임이 되겠지요.
· 소리 내어 읽어 줄 때 손가락으로 주요 단어나 구절에 밑줄을 그으세요. 다음에는 아이가 직접 손가락으로 밑줄을 그으면서 엄마나 아빠를 메아리처럼 따라 읽어 보라고 하세요. "눈으로

이 단어를 만져 봐"라고 말하거나 "손가락으로 이 부분을 읽어 볼래"라고 주문하세요.

· 아이가 어떤 책을 통째로 외우게 되었다면, 손가락으로 책 전체를 읽어 보라고 하세요. 아이가 글의 방향과 글자의 모양, 단어, 그리고 단어와 단어 사이의 공간에 주목하게 하세요. "손가락으로 읽어 볼래?"라고 말한 후 "발음과 글자 수가 일치하니?" "단어가 남거나 모자라지는 않니?"라고 물어 보세요.

· 아이가 쉽게 느끼는 책을 반복해서 읽게 하세요. 서점이나 도서관에서 책을 고를 때는 아이가 학교에서 가지고 오는 책과 비슷한 책을 골라 주세요. 한 페이지에 한 구절이나 한 문장만 적힌 책, 그림만 보면 글이 어떤 내용인지 알 수 있는 책이 가장 좋습니다.

· 아이와 번갈아 가며 읽으세요. 한 문장은 엄마나 아빠가 읽으면, 다음 문장은 아이가 읽는 식으로 번갈아 읽으세요.

· 초보 독서가들은 가끔 멀쩡한 단어를 말도 안 되는 단어로 바꿔 읽는 경우가 있습니다. 화가 나시겠지만 꾹 참고 아이가 직접 실수를 깨닫고 수정할 때까지 기다리세요. 아이가 전혀 깨닫지 못한다면 책을 다 읽을 때까지 기다렸다가 질문을 하세요. "무슨 뜻인지 이해가 가니?" 혹은 "네가 …라고 읽었는데 그렇게 읽는 게 맞니?"라고 물으세요. "다시 한 번 읽어 볼래? 정확한 발음이 뭘까?"라고 물으세요.

· 아이와 함께 책을 소리 내어 읽다가 아이가 모르는 단어가 나오는 경우, 단어의 첫 음절과 그 입모양에 대해 함께 이야기해 보세요. 그리고 아이에게 말하세요. "자, 그럼 이 문장을 다시 한 번 읽어 볼래?" 아이가 직접 그 문장을 읽어보게 하세요. 문장의 구조와 의미, 글자, 발음, 입모양 등 약간의 힌트만 주면 아이는 그것을 조합하여 금세 완벽한 문장으로 읽는답니다. 물론 다음번에 읽을 때는 더 잘 읽게 되지요.

· 아이가 어떤 힌트를 주어도 단어의 뜻을 혼자 힘으로 유추하지 못한다면, 그때는 직접 설명해 주어도 좋습니다.

· 아이가 자신의 실수를 직접 교정하고 단어의 뜻과 발음을 잘 예측해 낼 때마다 칭찬을 퍼부어 주세요.

· 아이가 부모나 가족 중 누군가에게 책을 읽어주고 싶어한다면, 우선 처음부터 책을 완벽하게 읽을 수 있는 사람은 아무도 없다는 사실을 꼭 알려 주세요. 서투르게 읽는 것은 누구나 저지르는 실수입니다. 부모님도 선생님도 마찬가지지요. 초보 독서가들은 더듬더듬 읽는 것을 무척 부끄러워합니다. 아이에게 처음에는 혼자 연습을 하게 하세요. 그리고 연습한 책을 소리 내어 읽을 때는 의미 단위로 끊어 읽는 연습을 시키세요. "자연스럽게 말하는 것처럼 읽어 봐"라고 말하세요.

· 아이가 책 읽는 소리에 귀를 기울이세요. 하지만 너무 지치기 전에 적당히 마무리하세요.

· 친구와 수다를 떨듯이 아이와 책에 대해 수다를 떠세요. "그 책은 어땠니? 어떤 기분이 들었니? 어떤 점이 좋았니? 어떤 점이 싫었니? 등장인물 중 누가 가장 좋았니? 어느 부분이 가장 좋았니? 다른 책이나 다른 작가와 비교해 볼 때 어떠니?" 등의 질문을 던지세요. 아이가 책에 대해 느끼는 감정 · 취향 · 의견 등을 관심 있게 들어 주세요.

· 불안감이나 짜증 등을 아이에게 내보이지 마세요. 꾸준한 훈련과 편안하고 즐거운 경험이야말로 능숙하고 유쾌한 독서인이 되는 두 가지 열쇠입니다.

자기 수준에 맞는 책을 읽어야 책 읽는 재미를 알게 됩니다

아이들이 집으로 가져가는 책은 난이도에 따라 세 가지로 나뉩니다. 우리가 사용하는 분류 용어는 뉴햄프셔의 영어 교사인 네슬리 펑크하우저가 고안해 낸 것입니다. '홀리데이 Holiday' 는 초보자용의 쉬운 책이나 오랫동안 사랑받아 온 책을 말합니다. 다른 아이가 여러 번 읽은 책이거나, 어려운 책에 도전하기 전에 휴식용으로 읽는 책을 말합니다. '저스트라잇 Just Right' 은 독서 훈련을 계속하면서 체험을 확대하기 위한 책입니다. 한 페이지에 모르는 단어가 한두 개 정도 있는 책을 말합니다. '챌린지 Challenge' 는 아이가 혼자서 읽고 싶어하지만 아직은 힘든 수준의 책을 말합니다. 모르는 단어가 너무 많고, 글자도 빽빽하며, 문단도 너무 길고, 줄

거리와 구성도 이해하기 힘들며, 등장인물도 너무 많고, 전체 주제를 이해하기도 힘들 것입니다.

우리는 이런 구분법을 좋아합니다. 책에 따라 아이를 구별하지 않고 아이에 따라 책을 구별하기 때문입니다. 나이에 관계없이 아이들은 저마다 자신만의 홀리데이와 저스트라잇, 챌린지를 갖고 있습니다. 또 독서 체험이 쌓이게 되면 주제와 문장에 대한 이해력이 늘고, 그렇게 되면 챌린지는 다시 저스트라잇이 됩니다. 아이들을 가르치면서 우리 교사들은, 초보 독서가들이 일 년 동안 엄청난 발전을 하여 학년 초에는 그저 남이 읽는 것을 듣기만 하던 책이 학년 말에는 혼자 힘으로 편안하고 자신 있게 읽을 수 있는 책이 되는 경우를 수없이 보았습니다.

아이들은 이 세 종류의 책을 모두 읽어야 합니다. 하지만 대부분은 저스트라잇을 읽는 것이 가장 좋습니다. 왜냐하면 자기 수준에 가장 맞는 책을 읽어야 책 읽는 재미를 알게 되고 자신의 독서 취향을 보다 분명하게 깨달을 수 있기 때문입니다.

가끔은 홀리데이도 읽어야 합니다. 그래야 자신감도 얻고 읽는 속도도 빨라지기 때문입니다. 쉬운 책을 읽는 것은 오랜 친구와 다시 만나 즐거운 시간을 보내는 것과 같습니다.

마지막으로, 아이들은 챌린지와도 일부 시간을 보내야 합니다. 챌린지에는 아이들이 알고 싶어하는 여러 좋은 이야기와 정보들이 담겨 있기 때문입니다. 혼자서는 힘들기 때문에 어른들이 도와

주어야 합니다. 또 챌린지는 아이들에게 세상에는 계속 분발해서 읽어야 할 책이 수없이 많다는 것을 상기시켜 줍니다.

아이가 책을 읽을 때 이렇게 물어 보세요. "그 책은 홀리데이니, 저스트라잇이니, 아니면 챌린지니?" 만약 저스트라잇이나 챌린지라고 대답한다면, 모르는 단어나 의미에 대해서 도와줄 준비를 하세요. 그리고 다시 한 번 당부 드리지만, 아이들은 한 가지 책만 읽어서는 안 됩니다. 독서의 맛을 아는 독립적 독서인으로 자라기 위해서는 난이도가 다양한 책을 충분히 경험해야 합니다.

크든 작든 아이들은 어른이 책 읽어 주는 것을 무척 좋아합니다

책을 읽어 주기에는 아이의 나이가 너무 많다는 생각일랑 아예 하지 마세요. 우리 학교는 아이들이 입학하는 날부터 졸업하는 날까지 끊임없이 책을 읽어 줍니다. 아이들은 나이와 상관없이 어른이 책을 읽어 주는 것을 무척 좋아합니다.

같은 책을 함께 읽으면서 생기는 아이와 어른 사이의 친밀감 혹은 유대감은 부모가 되어 누리는 최고의 즐거움이기도 하지요. 스트릭랜드 질리언의 시 〈책 읽어 주는 어머니〉의 마지막 연聯은 이 즐거움을 제대로 표현하고 있습니다. 가족이 함께 소리 내어 책을 읽는 것은 축복이나 다름없습니다.

당신에게는 엄청난 유산이 있겠지

금은보화가 가득한 보물상자가 있겠지
하지만 당신은 나보다 부자일 수 없어
나한테는 책을 읽어 주는 어머니가 계시거든

어린 자녀에게 책을 읽어 줄 때는 챌린지나 챕터북chapter book : 삽화가 들어간 7~10세용 책으로 짧은 장으로 끊어져 읽어 주기 쉽다_역주 만 읽어주지 말고 세 가지 난이도의 책을 모두 읽어 주는 것이 좋습니다. 그림책을 포함하여 재미있고 좋은 책이라면 어떤 책이든 읽어주어도 좋습니다.

아이가 읽어서는 안 되는 책이라면 그 이유를 설명해 주세요

때로는 아이가 부모님이 생각하기에 다소 의심스러운 내용의 책을 밤새워 읽을 수 있습니다. 책의 선택은 아이의 권리라는 것이 우리의 기본적인 생각이지만, 부모님의 가치관도 중요하다는 것을 잘 알고 있습니다. 만약 아이가 읽어서는 안 되는 책이라는 생각이 강하게 든다면, 아이에게 이유를 설명하고 읽지 못하게 하세요. 그리고 담당 교사와 상담을 하십시오.

우리는 다양한 기준을 염두에 두고 책을 선택합니다. 고전문학에서 쉬운 동화에 이르기까지, 이야기 구조가 강한 책에서 그림문학상 수상작에 이르기까지, 또 다른 문화 간의 충돌을 주제로 한 책에서 지금의 사회 문제를 다룬 책에 이르기까지 다양한 책을 선

택하고 있습니다. 모든 책마다 선택한 이유가 분명히 있으며, 우리는 그것을 기꺼이 설명해 드릴 수 있습니다. 하지만 부모님이 아이의 도서 선택이 우려가 된다면 당연히 부모님의 편이 되어 도와드리겠습니다.

독서 교실 문고의 책은 모두 아이들의 독서 지도를 위한 교재와 같습니다. 그래서 우리는 날마다 몇 권의 책이 남아 있는지 숫자를 세고 있습니다. 또 독서 교실 문고는 학교발전기금과 일부 교사들의 자비를 통해 구입한 소중한 자산입니다. 그래서 책이 한동안 안 보이거나 영영 분실되면 우리는 매우 낙심합니다. 수고스럽겠지만 매일 아침 아이가 그날 반납할 책이나 계속 읽을 책을 갖고 있는지 점검해 주실 수 있을까요? 또 아이의 방에 학교나 교사 소유의 책이 방치되어 있지는 않은지 이따금 살펴주시기 바랍니다.

이 글이 가정통신문치고 상당히 길다는 것을 잘 압니다. 독서는 우리 학교에서 가장 중요하게 여기는 활동입니다. 우리는 어느 교과목의 성공에서도 독서만큼 중요한 것은 없다는 것을 잘 알고 있습니다.

학년 초부터 우리는 책을 고르고, 책 읽어 주는 소리에 귀를 기울이며, 책 속의 사건과 인물에 대해 이야기를 나누고, 책 읽는 법을 배우며, 책을 읽는 시간을 갖습니다. 우리는 아이들이 책과 사랑에 빠져 독서인으로서의 자신을 발견하기를 바랍니다. 많은 시

간을 독서하면서 더욱 강한 사람으로 성장하기를 바랍니다.

교사로서 우리가 해야 할 일은 가능한 한 가장 풍요로운 책의 성찬을 차려 주는 것입니다. 어린 시절의 풍부한 독서 경험은 우리 아이들의 전 인생에 굉장한 도움이 될 것이라고 생각합니다. 우리는 부모님과 함께 미래의 독서인을 기르는 파트너가 되기를 기대합니다.

아이에게 선생님은 벽과 같은 존재이다

탐 뉴커크의 '독서 상태'에 대한 기사를 함께 읽고 7, 8학년 제자들을 대상으로 리딩존에 들어갈 수 있는 조건에 대해 조사했을 때(2장 참고), 딱 한 아이가 '책을 사랑하는 교사'라는 항목에 표시를 했다. 솔직히 말해서 나는 약간 상처를 받았다. 나는 교실 안에서 아이들에게 책에 대한 열정을 가르쳐주기 위해 동분서주하는데, 아이들은 거기에 내가 있는지도 모르는 것이다. 그래서 나는 질문을 했다. "왜 너희 중에 한 사람만 선생님의 중요성을 언급한 거지? 그럼 선생님은 뭐지? 벽이니?"

제드가 말했다. "예, 선생님은 벽과 같은 존재예요. 아마 우리는 책을 사랑하는 선생님의 존재를 당연하게 여기나 봐요." 독서인이 되려는 아이들에게 기본적으로 필요한 교사의 존재가 우리 학교에서는 당연한 일이었던 것이다. 우리 아이들은 책을 사랑하는 교사들로 가득 찬 학교에서 자랐기 때문에, 교사들이란 당연히 책을 사랑하는 사람으로 오해하고 있었던 것이다.

나는 날마다 나만의 예술 활동을 펼친다는 신념으로 독서 수업을 계획한다. 책이 내 인생에 해줄 일과 내 제자들의 인생에 해줄 일들에 감사한다. 나는 아이들이 나의 충실한 견습생이 되어 주기를 바란다. 내가 요구한 모든 것이 언젠가는 아주 중요한 역할을 할 것이라 믿어 주기를 바란다. 또 어린 시절 내가 선생님들에게 배우며 그들의 지식을 흡수했던 것처럼, 나의 아이들도 나의 지식과 경험을 최대한 흡수해가기를 바란다.

한 마디로 말해서, 독서를 잘 가르치는 것은 이론이나 시스템, 전략, 프로그램 따위와는 아무런 상관이 없다. 중요한 것은 '벽'이다. 책과 아이에 대해 무엇을 알며 어떻게 사랑을 나눠 주는가이다. 아이들이 리딩존에 빠져들 때 선생님의 머릿속에는 다음과 같은 세 가지 지식이 분주히 작용하고 있을 것이다.

첫째, 독서 · 책 · 저자 등에 대한 다양한 지식

아이들에게 독서를 가르치기 위해서는 독서의 전 영역을 다 알아야 한다. 단순히 청소년 문학에 대해서만 알아서는 가르칠 수 없다. 자전 소설, 단편 소설, 에세이, 저널리즘, 시, 성인 소설 등 모든 장르를 다 알아야 한다. 또 서평, 비평, 저자 정보 등의 문헌도 읽어야 한다.

독서 교육에 관한 책도 많이 읽어야 한다. 루이즈 로젠블랫, 프랭크 스미스 등이 내 지식의 기초가 되었고, 그밖에 셸리 하웨인, 레지 루트먼, 린다 리프, 메리 엘른 지아콥, 리처드 앨링턴, 매리 클레이, 매거릿 미크, 모린 바비에리, 탐 뉴커크, 제리 하스트, 제인 핸슨, 켄 굿먼과 예타 굿먼, 테리 리세슨, 돈 갤로, 칼린 비어스, 밥 프롭스트, 앨린 퍼브스, 스테파니 하비, 앤 구드비스, 재닛 앨런, 프랜시스 스퍼포드, 다니엘 페낙 등이 많은 도움을 주었다.

책 읽을 시간이 없다는 교사들의 변명에 대해 페낙은 이렇게 말했다. "나는 책을 읽을 시간을 가져 본 적이 없다. 하지만 그럼에도 불구하고 그 무엇도 내가 좋아하는 책을 읽지 못하게 막을 수는 없었다." 교사들은 책 읽는 즐거움을 잊어서는 안 된다. 그래야 책을 통해 배운 지식을 아이들에게 나눠 줄 수 있다.

둘째, 책에 대한 아이들의 욕구 · 취향 · 기호 등에 대한 지식

7, 8학년 아이들을 가르치기 위해 매년 나는 스스로에게 비슷한 질문을 던진다. 중학생은 어떤 아이들인가? 이들의 고민은? 이들이 좋아하는 것은? 이들이 잘 하는 것은? 이들이 갈망하는 것은? 이들이 요즘 좋아하는 작가는? 어떤 책이 이들의 성장에 도움이 될까? 어떤 책이 이들을 생각하고, 웃고, 울고, 감동하게 할까? 어떤 잡지가 서평을 보는 데 도움이 될까? 어느 인터넷 서점이 이들이 책을 고르기에 편할까?

독서 교실 문고에 재미있는 신간을 계속해서 보충해 주는 일은

더할 나위 없이 중요하다. 언제든 손을 뻗어 잡을 수 있는 재미있는 책이 없다면, 아이들은 리딩존에 들어갈 수도, 그 안에서 즐거움을 찾을 수도 없을 것이다.

셋째, 아이들 개개인의 도서 취향, 독서의 장단점 등에 대한 지식

나는 아이들과 책을 중심으로 좋은 관계를 맺어야 한다. 이 아이는 무슨 책을 읽고 있을까? 왜 이 책을 읽는 것일까? 더 발전하게 하려면 어떻게 도와주어야 할까? 독서인으로서의 정체성을 찾아가는 아이가 당당한 목소리로 "제가 가장 좋아하는 책은 무엇이고, 가장 좋아하는 작가는 누구이며, 가장 즐겨 읽는 장르는 무엇이고, 가장 감동받는 시인은 누구예요"라고 말할 수 있게 하려면 어떻게 응원해야 할까?

아이가 "저의 독서 습관은 시간적으로는 이러이러하고, 공간적으로는 이러이러해요. 저는 단편 소설, 장편 소설, 시, 신문 기사, 과학 보도, 어려운 책, 쉬운 책 등을 이러이러한 방식으로 읽어요. 저는 이럴 때는 속도를 내어 빨리 읽고, 이럴 때는 천천히 읽어요. 또 이럴 때는 책을 읽다가 그만두고, 이럴 때는 계속 읽어요. 또 이럴 때는 도무지 책읽기를 멈출 수가 없어요. 제가 책을 선택하는 기준은 이러이러해요. 이 책들은 너무 좋아서 여러 번 읽었어요. 독서인으로서 저는 이러이러한 계획을 갖고 있어요"라고 자신 있게 말하게 하기 위해서 나는 독서 교사로서 어떤 역할을 해야

할까?

독서에 관한 이 세 가지 지식은 지난 20년간의 독서 수업을 통해 쌓아온 나의 적금통장과 같다. 나는 책과 아이들과 독서 교육에 대해서 절대로 완벽한 지식을 갖출 수 없을 것이다. 하지만 나는 계속 적금을 부으면서 점점 부자가 되어 갈 것이다. 더 현명하고, 더 강한 목표의식을 가지며, 더 넓은 포용력을 갖추고 아이들 각자의 필요에 더 적극적으로 반응할 것이다. 그리고 사람들이 책을 읽는 여러 방식과 이유에 대해 더 많이 알게 될 것이고, 잘못된 지도법에 대해 점점 더 강한 분별력을 갖게 될 것이다.

독서 수업은 이해력을 키우고, 능숙하게 읽는 법을 배우며, 어휘를 습득하고, 비판력과 문학적 안목을 개발하는 소중한 장소이다. 하지만 이 외에도 독서 수업은 다리와 같다. 이야기가 없는 무미건조한 세상을 건너 다차원의 건강하고 생명력이 넘치는, 즐거움으로 가득 찬 세상으로 들어가는 것이다.

아이들이 겪게 될 모험은 오직 책 속에서만 찾을 수 있는 것이다. 그 풍부한 경험이야말로 교사가 아이들에게 물려 줄 수 있는 최선의 가치이다. 우리 교사들은 다리를 만들고 아이들이 그 다리를 건너 리딩존으로 들어갈 수 있도록 도와주어야 한다.

옮긴이 **최지현**
철들기 시작한 때부터 쉼 없이 글을 써왔다. 《일요신문》 외신부 기자, 《뉴스위크》 번역위원 등으로 일하다 프리랜서로 독립, 지금까지 40여 명의 명사들의 책을 공동 집필했고 15권의 책을 번역했다. 대표적인 번역 작품으로 《아무것도 못 버리는 사람》《진짜 마녀》《나 없이 화장품 사러 가지 마라》 등이 있다.

하루 30분
혼자 읽기의 힘

초판 1쇄 _ 2009년 4월 1일
초판 7쇄 _ 2015년 9월 20일
지은이 _ 낸시 앳웰
옮긴이 _ 최지현
펴낸이 _ 심현미
펴낸곳 _ 도서출판 북라인
출판 등록 _ 1999년 12월 2일 제4-381호
주소 _ 서울시 마포구 동교동 159-6 파라다이스텔 1402호(121-816)
전화 _ (02)338-8492　팩스 _ (02)338-8494
이메일 _ bookline@empal.com
ISBN 978-89-89847-51-9
· 잘못 만들어진 책은 바꾸어 드립니다.
· 값은 뒤표지에 있습니다.